吉林省重点科技攻关项目（20150204024SF、20170204035SF）资助

极端降雨诱发地质灾害风险评价、预警及管理对策研究

——以吉林省东南部山区为例

Study on Risk Assessment , Early Warning and Management of Geological Disasters Caused by Extreme Rainfall
——A Case Study of Southeastern Mountains in Jilin Province

张以晨　张继权　张　峰　著

科学出版社

北　京

内 容 简 介

  本书围绕极端降雨诱发吉林省东南部山区地质灾害风险管理及预警这一论题，利用多学科交叉的理论与方法，结合实测数据、先进的技术和缜密的逻辑研究我国极端降雨诱发地质灾害管理及预警技术，系统地分析我国吉林省东南部山区地质灾害的成因，实现极端降雨诱发地质灾害危险性动态评价、极端降雨诱发地质灾害风险评价，并在此基础上研究风险预警及管理布局，提出极端降雨诱发地质灾害风险预警及管理概念、模型及算法。本书利用实地观测、室内试验与计算机模拟相互印证，灾害动态模拟和灾害防治相结合，尽可能地反映极端降雨诱发地质灾害风险的实际情况，尤其是研制了动态化、可视化及智能化的极端降雨诱发地质灾害风险管理及预警平台。

  本书可供地质灾害应急管理人员、研究人员、业务人员阅读和参考，还可以供城市规划、市政管理、政府减灾部门的技术人员、保险的工程技术人员参考使用，也可作为高等院校相关专业研究生的教学参考用书。

图书在版编目（CIP）数据

极端降雨诱发地质灾害风险评价、预警及管理对策研究：以吉林省东南部山区为例/张以晨，张继权，张峰著. —北京：科学出版社，2017.12
  ISBN 978-7-03-055930-2

  Ⅰ. ①极… Ⅱ. ①张… ②张… ③张… Ⅲ. ①降雨-影响-山地灾害-风险评价-研究-吉林②降雨-影响-山地灾害-风险管理-研究-吉林 Ⅳ. ①P694

  中国版本图书馆 CIP 数据核字（2017）第 308743 号

责任编辑：霍志国/责任校对：韩　杨
责任印制：张　伟/封面设计：东方人华

科 学 出 版 社 出版
北京东黄城根北街 16 号
邮政编码：100717
http://www.sciencep.com

北京中石油彩色印刷有限责任公司 印刷

科学出版社发行　各地新华书店经销
*

2017 年 12 月第 一 版　开本：720×1000　B5
2017 年 12 月第一次印刷　印张：13 1/4
字数：270 000

定价：**98.00 元**
（如有印装质量问题，我社负责调换）

作者简介

张以晨，男，1982年8月出生，地质工程专业，博士后。现任吉林省地质环境监测总站副站长，高级工程师。兼任吉林省地质灾害应急技术指导中心副主任、吉林省地质灾害应急管理办公室副主任。2005年毕业于长春工程学院勘察技术与工程专业。2007年、2012年分别于吉林大学建设工程学院获得岩土工程硕士、地质工程博士学位。2012～2016年在东北师范大学环境科学与工程专业博士后流动站从事地质灾害风险评估、预警与应急管理博士后研究工作。现为中国地质学会会员，吉林省地质学会会员，吉林省地质灾害防治工程协会常务理事，中国灾害防御协会风险分析专业委员会委员，地质灾害防治与地质环境保护国家重点实验室客座研究员。国土资源部第二届地质灾害防治应急专家、国家地质公园和国家矿山公园专家。中国地质灾害防治协会、吉林省国土资源厅、吉林省民政厅专家库成员。

一直从事地质环境保护和地质灾害防治工作，专长地质灾害监测预警与风险评价。先后主持中国地质调查局地质调查项目、吉林省重点科技攻关项目、地质灾害防治与地质环境保护国家重点实验室开放基金等项目12项，完成生产项目30余项。发表论文20余篇，获批计算机软件著作权和专利各1项。2017年获得中国地质学会青年地质科技奖银锤奖，入选吉林省第六批拔尖创新人才，获吉林省政府抗洪抢险二等功。2013年获得对口支援黑水灾后重建先进个人、吉林省政府嘉奖。2014年获得吉林省地质学会第二届青年科技奖和吉林省气象灾害防御指挥部先进个人。2007年以来，作为吉林省地质灾害预报预警工作负责人发布黄色以上预警信息120余次，成功预报地质灾害60余起，避免了大量的经济损失和人员伤亡，取得了较好的经济和社会效益。

　　张继权，男，1965 年 2 月生，吉林长春市人，教授、博士生导师，吉林省"长白山学者"特聘教授，吉林省拔尖创新人才。日本鸟取大学联合农学研究科生物环境农学博士，日本学术振兴会外国人特别研究员、日本京都大学防灾研究所博士后。现任东北师范大学环境学院副院长、东北师范大学自然灾害研究所所长、东北师范大学综合灾害风险管理研究中心主任，兼任中国灾害防御协会风险分析专业委员会常务理事和副理事长、中国草学会草原火管理专业委员会常务副理事长和秘书长、吉林省气象学会副理事长、吉林省减灾委专家委员会副主任委员、吉林省气象标准化技术委员会副主任委员、吉林省气象学会气象灾害防灾减灾专业委员会理事长、"未来地球计划"中国国家委员会（CNC-FE）"变化环境下的灾害预警"工作组专家委员会委员、中国科协灾害风险综合研究计划工作协调委员会（IRDR-China）委员、中国自然资源学会资源持续利用与减灾专业委员会委员、农业部草原防火专家组专家等职务。

　　长期致力于综合灾害风险研究，首次提出了基于形成机理的综合自然灾害风险评价与管理理论，并初步建立起了比较完整和实用的自然灾害风险评价与管理理论、程式与技术方法体系、数量模型及相应软件系统。主持科研项目 80 多项，其中国家自然科学基金 4 项、国家公益性行业农业和水利科研专项各 1 项、全球变化研究国家重大科学研究计划（"973"）项目 1 项、"973"计划前期专项 1 项、"十二五"国家科技支撑计划项目 1 和课题 3 项、"十一五"国家科技支撑课题 3 项、"十五"国家科技支撑课题 1 项、博士点基金 1 项、吉林省重点科技攻关项目 3 项。发表论文 200 余篇，其中在 *Ecosystems & Environment, Stoch. Environ. Res. Risk Assess., Int. J. Environ. Res. Public Health, Theor. Appl. Climatol., Nat. Hazards., Knowledge-Based Systems, Hum. Ecol. Risk Assess., Sensors* 等期刊上发表 SCI 检索论文 50 篇，超过平均影响因子 20 篇，EI、ISTP 收录 60 篇；出版学术著作 7 部；取得软件著作权 11 项，制定国家或行业标准 5 项。

2007 年北京师范大学出版社出版了《主要气象灾害风险评价与管理研究的数量化方法及其应用》，是迄今国内外首部综合研究区域气象灾害风险的专著；2009年受聘北京大学出版社高等院校安全与减灾管理系列教材主编，2012 年首次出版了《综合灾害风险管理导论》；2012 年中国农业出版社出版了《中国北方草原火灾风险评价、预警及管理研究》；2015 年科学出版社出版了《农业气象灾害风险评价、预警及管理研究》《综合农业气象灾害风险评估与区划研究》。

科学技术部"十二五"国家科技支撑计划项目"重大自然灾害综合风险评估与减灾关键技术及应用示范"首席科学家，吉林省高校首批"学科领军教授"，获得吉林省优秀海外归国人才学术贡献奖、"长春市第二批优秀人才"荣誉称号，享受长春市政府特殊津贴，获得中国水利水电科学研究院科学技术一等奖、中国草学会草业科学技术奖三等奖。

前　言

　　减轻灾害风险是当今国际减灾战略的核心理念与任务。地质灾害风险评价与管理是国际上地质灾害防灾减灾领域 3 大战略之一，是制定灾前降低灾害风险和灾害发生过程中应急减灾措施的前提和关键，是地质灾害研究中急需解决的重要问题之一。构建地质灾害风险动态评价、预警与管理技术是未来地质灾害研究的重要趋势。地质灾害是指地球岩石圈地壳表层，在大气圈、水圈和生物圈的影响和作用下，地质环境或地质体由于自然或人为作用引发的山体崩塌、滑坡、泥石流、地面塌陷、地裂缝、地面沉降等，对人类生命财产、环境造成破坏和损失的地质作用（现象）。我国是世界上地质灾害最严重的国家之一，每年都有大量的地质灾害发生。在过去的近 20 年时间内，造成百人以上死亡的重大地质灾害事件在我国几乎年年发生。特别是近年来受极端天气、地震、工程建设等因素影响，地质灾害多发频发，给人民群众生命财产造成严重损失。

　　吉林省地质环境较为复杂，特别是东南部山区，每年汛期地质灾害频发，其主要类型包括崩塌、滑坡、泥石流和地面塌陷等，给人民生命财产安全和全省经济社会发展造成了严重损失。地质灾害平均每年造成的经济损失数以千万。2010年吉林省受极端异常天气影响，汛期地质灾害发生数量是以往 30 年的总和，因地质灾害死亡 9 人，经济损失 7.9 亿元。地质灾害严重威胁群众生命财产安全，影响国民经济发展。吉林省从 2000 年开始对处于地质灾害易发区的县（市）开展了地质灾害调查与区划工作，目前该项工作已经圆满完成。同时，吉林省通过连续开展科技攻关项目和课题研究，以期探索吉林省地质灾害的时空演变规律，为地质灾害防治和汛期地质灾害预报预警系统建设提供基础资料，为省委、省政府防治地质灾害做出正确决策提供科学依据。

　　随着人类工程活动范围和规模的不断扩大，地质灾害发生的次数和可能性必将有增加的趋势,给社会带来的危害也必将增大。大量的研究和事实表明，大多数地质灾害的发生是由于降雨诱发或者直接触发产生的，降水是滑坡泥石流的重要触发因素，降水类型、强度、持续时间、临界水量与滑坡泥石流运动类型的关系一直是研究的重点。同时人口增长、城镇化进程及工程经济活动是地质灾害发生不可忽视的重要因素，城镇化建设和工程经济活动规模大，且逐步向生态地质环境相对脆弱的地区转移，城镇人口密度快速增加，特别是山区城镇自主防灾减灾意识薄弱，直接导致地质灾害伤亡和损失程度加重。吉林省东南部山区自然地质条件复杂多样，极端降雨事件时有发生，加上人为工程活动性质和强度的不同，因此地质灾害发育特征较为复杂。当前，我国对地质灾害风险内涵与形成机理、风险评价标准和风险管理还缺乏统一认识和实践检验，实用性和可操作性强的地质灾害风险评价、预警技术体系和风险管理研究还很罕见，这已成为制约我国地质灾害减灾工作深入开展的瓶颈。因此，为了探索极端降雨事件引发重大地质灾害的综合减灾防灾战略，提高主动减灾防灾的科技能力与管理水平，积极应对全球变化条件下中国地质灾害防治面临的挑战，开展极端降雨诱发下的山区地质灾害风险评价、预警技术和管理对策系统研究，对于减少地质灾害对当地经济发展和人民生命财产造成的损失是一项紧迫而又重要的任务。

本书是吉林省重点科技攻关项目"极端降水诱发山区地质灾害风险损失动态评估技术研究"（20150204024SF）、"长白山火山泥石流灾害风险评价及预警技术研究"（20170204035SF）最新研究成果的总结，主要以吉林省东南部山区的崩塌（含不稳定斜坡）、滑坡、泥石流等主要地质灾害为研究对象，开展地质灾害风险评价、预警技术和风险管理对策示范研究，将弥补地质灾害风险评价、预警和风险管理的不足，解决地质灾害风险管理的关键性问题，能够提高公民的防灾减灾意识，提高地质灾害群测群防的针对性、有效性，推动各级地方政府的地质灾害防治工作。研究结果可以推广到我国其他山区地质灾害，推动地质灾害风险评估研究的进程，可为人民生命财产防灾避灾、合理布局、预案编制、减灾规划和保险等提供科学依据和技术支撑。

全书由张以晨博士和张继权教授负责总体设计和定稿。全书共分6章，其中第1章由张继权、张峰、张以晨执笔；第2章由乌日娜、阿鲁斯、佟斯琴执笔；第3章由张以晨、阿鲁斯、乌日娜执笔；第4章由张继权、张以晨、陈骏炜执笔；第5章由张以晨、张峰执笔；第6章由张继权、张以晨、冯天计、阿鲁斯执笔。

在本书的写作过程中，课题组各位成员通力合作，付出了很大的努力和心血，在此向课题组各位成员表示衷心感谢！同时在写作过程中引用了大量的参考文献，借此机会向各位作者表示衷心感谢！在出版过程中，受到科学出版社的大力支持，编辑为此付出了辛勤的劳动，在此表示诚挚的谢意！

限于作者知识水平和能力所限，对一些问题的认识尚有待于反复实践和不断深入，书中疏漏之处和缺点错误在所难免，敬请各位专家、同行和广大读者批评指正。

著　者

2017 年 9 月

目　　录

第1章 绪 论

1.1 研究目的和意义

地质灾害是指自然或人为因素的作用下形成的,对人类生命财产、环境造成破坏和损失的地质作用(现象),也指有危害人类生存环境的一切动力地质过程,包括崩塌、滑坡、泥石流、地面沉降、岩溶灾害等类型。其中崩塌、滑坡、泥石流灾害(简称崩滑流)占地质灾害总数的80%。我国是世界上地质灾害广泛发育、致灾严重的国家之一。降雨是崩塌、滑坡和泥石流灾害的重要触发因素,降雨类型、强度、持续时间、临界水量与崩塌、滑坡、泥石流运动类型的关系一直是研究的重点(李权等,2015;刘会平等,2004;刘希林等,2011;王慧,2015;王哲和易发成,2006)。其中我国东北长白山地区和西南地区的山区是崩塌、滑坡、泥石流灾害频发地区,山区突发降雨诱发的区域或流域群发型崩塌、滑坡和泥石流等突发性地质灾害给当地社会生产生活和生态环境造成严重的影响。同时人口增长、城镇化进程及工程经济活动是地质灾害发生不可忽视的重要因素,城镇化建设和工程经济活动规模大,且逐步向生态地质环境相对脆弱的地区转移,城镇人口密度快速增加,特别是山区城镇自主防灾减灾意识薄弱,直接导致地质灾害伤亡和损失程度加重。为了探索极端气候事件引发重大地质灾害的综合减灾防灾战略,提高主动减灾防灾的科技能力与管理水平,积极应对全球变化条件下中国地质灾害防治面临的挑战,开展极端降雨诱发下的山区地质灾害风险损失评估技术系统研究,对于减少地质灾害对当地经济发展和人们生命财产造成的损失是一项紧迫而又重要的任务。

吉林省地质灾害分布面积广,种类齐全,威胁较为严重。灾害类型主要有崩塌(含不稳定斜坡)、滑坡、泥石流、地裂缝、地面塌陷等,主要分布于白山、通化、延边和吉林等东南部山区。吉林省东部山区属于新华夏系第二隆起带,位于长白山脉西麓,地质条件复杂,同时中小河流、山洪沟纵横交错,每年都有不同程度的崩塌、泥石流、滑坡等地质灾害发生,给人们生命财产安全和全省经济社会发展造成了严重损失。

由于影响吉林省地质灾害的自然地质条件复杂多样,又由于人为工程活动的性质及强度因地而异,因此地质灾害发育特征较为复杂。吉林省地质灾害的产生主要是自然降水所引发,极端降雨是导致此类灾害发生的重要因素之一。每年汛期，地质灾害都造成了大量的经济损失，并且时常发生人员伤亡事件。尤其是东南部山区，常有地质灾害危害村寨，冲毁道路桥梁，破坏水电工程和通信设施，淹没农田，堵塞江河，劣化生态环境，危及自然保护区和风景名胜区，严重制约吉林省山地丘陵区经济社会的发展。据统计，截至 2010 年末，全省因地质灾害死亡 64 人，直接经济损失近 20 亿元；地质灾害威胁人口 74000 多人，潜在经济损失 10 亿元。2010 年全省受极端异常天气影响，发生地质灾害 471 起，直接经济损失 75087.4 万元，死亡 9 人。随着吉林省经济发展、人口不断增长，区域经济总量、人口密度、社会财富将大幅增长，地质灾害的风险程度和危害数量也将显著增加。因此，本书以吉林省东南部山区的崩塌（含不稳定斜坡）、滑坡、泥石流等主要地质灾害为研究对象，开展地质灾害风险评价、预警技术和风险管理对策示范研究，将弥补地质灾害风险评价、预警和风险管理的不足，解决地质灾害风险管理的关键性问题，能够提高人们的防灾减灾意识，提高地质灾害群测群防的针对性、有效性，推动各级地方政府的地质灾害防治工作。研究结果可以推广到我国其他山区地质灾害，推动地质灾害风险评估研究的进程，可为人们生命财产防灾避灾、合理布局、预案编制、减灾规划和保险等提供科学依据和技术支撑。

地质灾害风险评价是以地质灾害为基础，综合自然、社会、经济等因素的灾害潜在损失的综合分析与评判，其结果对区域减灾规划和预案的制定及其决策提供具有可操作性的技术支撑。近年来由于对地质灾害的发生预防和准备工作不足，减灾工作常常处于被动应对状态，且耗费了大量的人力和物力，而减灾效果却不明显，只能解决一时之需，进而导致灾害损失加重的事例屡见不鲜。因此，借助遥感（RS）、地理信息系统（GIS）等现代化科技手段，灾害风险评价、风险管理等多学科理论，研究地质灾害风险损失孕育机制、风险快速识别及预警模型、地质灾害风险损失动态评估方法与技术体系，构建典型地区人员和财产不同风险分级预警技术，编制地质灾害风险损失区划图，对地质灾害实行风险管理，因地制宜地采取相应的避险减灾对策，推进地质灾害风险管理，已成为一项十分紧迫的任务。开展地质灾害风险评估技术研究，可以使政府管理部门提前做好防灾抗灾准备，降低地质灾害的影响，确保经济发展和人们生命财产安全。因此，从降低风险的角度去研究地质灾害风险评估与管理技术更显得迫切而必要，而且对于从传统的地质灾害危机管理向风险管理转变具有积极的推动作用，是地质灾害研究的一个新思路。预期研究成果为国家地质和国土部门防灾减灾所亟需。

为防患于未然和减轻地质灾害人身伤亡和财产损失，避免各种工程与非工程减灾措施实施过程中的盲目性，研究地质灾害风险损失孕育机制、评估方法与技术体系，对地质灾害进行风险评价和预警，根据风险评估结果，进行地质灾害风险区划，制定人员和财产不同风险预警标准，开发可操作的地质灾害风险评价、预警和风险管理业务化系统，以便在地质灾害发生前就能采取行动降低风险，力求使灾害损失降到可接受的水平，已成为一项十分紧迫的任务。因此，对极端降雨诱发山区地质灾害风险评价和预警技术的研究，是制定灾前降低风险和灾后应急减灾措施的前提和关键。研究成果可为改变区域地质灾害应急减灾模式、制定区域减灾规划和预案及其决策提供具有可操作性的技术。对提升地质环境与气象因素耦合作用机制的科学研究水平，定量化评估极端降雨诱发的地质灾害风险损失，开发评估软件，实现地质灾害风险损失评估工作的科学化、自动化和信息化，保护吉林省山区已有财富不遭到破坏和经济、生态、社会安全，促进区域经济社会的可持续发展和振兴东北老工业基地战略的顺利实施具有重要的意义。具体研究意义如下：

（1）研究内容紧扣国家科技及社会发展规划，符合国家防灾减灾需求。

本书研究内容紧密结合《国家中长期科学和技术发展规划纲要（2006—2020年）》"公共安全"重点领域的"重大自然灾害监测与防御"优先主题，"重点研究开发地震、台风、暴雨、洪水、地质灾害等监测、预警和应急处置关键技术，森林火灾、溃坝、决堤险情等重大灾害的监测预警技术以及重大自然灾害综合风险分析评估技术"。《国土资源部中长期科学和技术发展规划纲要（2006—2020年）》涉及"地质环境与地质灾害"重点领域的"地质灾害调查评价应用技术"有限优先主题，"建立地质灾害危险性和风险评价的技术方法体系，为地质灾害防治规划编制和风险管理提供技术支撑"。《全国地质灾害防治"十二五"规划》"科学技术研究支撑"的"研究内容"提出：开展"地质灾害风险评估和灾情险情分析评估方法等"。《国家"十二五"科学和技术发展规划》中"推进重点领域核心关键技术突破"强调"大力加强民生科技"，并提出"加强公共安全科技发展，提高公共安全和防灾减灾能力"，重点任务包括"加快提升自然灾害应对技术能力，建立基本地理国情监测技术体系，重点开发地震、滑坡、泥石流、台风、水灾、旱灾等重大自然灾害监测预警技术，研制重大自然灾害紧急救灾重大装备，建立重大自然灾害风险管理技术平台"；同时将"防灾减灾"作为"民生科技示范重点"，明确提出"加强地震、滑坡、泥石流等重大自然灾害立体监测技术、预测预报、群测群防技术与装备研发；开发灾害应急救助技术装备；开展风险管理应用研究"。

《国家综合防灾减灾规划（2016—2010 年）》将"加强国家自然灾害风险管理建设"作为主要任务之一，其中包括"建立国家和区域综合灾害风险评价指标体系，开展各类自然灾害风险评估方法和临界致灾条件研究，加强自然灾害综合风险评估试点工作"。在《国家气象灾害防御规划（2009—2020 年）》中指出需要"加强气象灾害风险评估"，并提出要开展"研究制定综合评估气象灾害危险性、承灾体脆弱性和气象灾害风险评估的方法和模型、风险等级标准和风险区划工作规范，开展气象灾害风险区划和评估"等方面的工作。因此，本书研究内容与国家和部门的多个规划纲要密切相关,紧密围绕和落实国家"十二五"重大战略任务。

(2)本书研究内容可有效提高应对地质灾害风险能力,实现地质灾害风险损失评估工作的科学化、自动化和信息化,具有重要的经济、社会和生态效益。

首先,本书研究内容提供的地质灾害风险动态评估技术可为各级管理部门和生产部门做好灾前预警、实时监测、灾后快速反应及制定科学的防灾减灾对策,提供及时、准确的信息服务和决策技术支撑,第一时间做出决策并采取相应措施,特别是可以在较大损失发生之前进行有效预防,从而通过采取适时、有效的措施最大限度地降低和减轻地质灾害的影响和损失;其次,地质灾害风险动态评估技术可有效地减少地质灾害防范以及盲目与粗放投入所付出的代价;最后,本书研制的地质灾害风险损失动态评估系统,将直接投入不同级别的气象、地质和国土部门业务应用及其他相关部门应用,可为国家决策机关提供准确的地质灾情监测信息和可靠预报,并通过公众网、电视媒体等为社会提供直接服务。

通过本书研究内容的实施,将初步建立与我国国情相适应的地质灾害风险损失评估技术体系,显著提高我国地质灾害风险评估技术水平。本书研究成果不仅可以对地质灾害风险进行技术上的预警,也可以提醒人们在思想上进行预警,为人们生命财产安全、粮食安全和生态安全提供科技保障;也可拓宽农业气象的服务领域,提高农业气象的服务水平,具有显著的社会效益。同时,减少农民损失,提高农民收入,对保障农村农业经济社会的稳步发展、提高农民生活水平、维护农村社会稳定、实现全面建设社会主义新农村和小康社会的目标具有重要意义。

吉林省东南部山区是旅游资源、生态环境资源、森林特产资源、水利水电资源、矿产资源的聚集区,位于该地的长白山地区被联合国教育、科学及文化组织列入联合国"人与生物圈自然保护区网",一旦该地区发生大规模的地质灾害,将会造成极大的生态破坏。通过本书构建的地质灾害风险损失动态评估系统,对减少生态系统的破坏和损失具有重要意义。

1.2 国内外相关研究进展和展望

1.2.1 地质灾害风险评价研究进展

1. 地质灾害危险性评价及区划研究现状

对地质灾害进行危险性评价与区划综合研究是地质灾害研究中的一项重要内容,国外专家学者多是针对单一灾害体进行研究。最早的研究始于 1958 年,日本规定凡在山区进行交通建设就必须先对斜坡危险度进行评价,采用坡度、切割密度、降雨、滑坡分布等因素进行综合评价,并根据评价结果提出设防标准。20

世纪 60 年代，美国以及一些西欧国家，为了合理利用斜坡影响区的土地资源，利用"滑坡敏感性预测方法"对斜坡影响区进行分区，开始了滑坡危险区划理论研究（Günther et al., 2002）。20 世纪 70 年代初期，法国专家也提出了对滑坡危险性进行分区研究的 ZERMOS 法，该方法认为滑坡危险区的空间分布不是单因素所能控制的，而是多个因素共同控制的结果，并利用两种主要的控制因素建立了滑坡分区的数学模型，对法国局部山区进行了滑坡危险性分区的研究。20 世纪 80 年代，日本为了减少滑坡造成的损失，考虑地震、降雨、坡度等因素对滑坡进行空间预测。其他国家如意大利、瑞士、美国、法国、澳大利亚、新西兰、印度等也都开始了区域地质灾害危险性分区及预测问题的研究。20 世纪 90 年代后，通过"国际减灾十年计划"，北美及欧洲许多国家在原有地质灾害危险性评价及区划研究基础上，开展了综合减灾效益方面的系统研究。21 世纪初期，德国学者对滑坡的稳定性做出了探讨（Günther et al., 2002）。与此同时，澳大利亚专家也利用GIS 技术对滑坡风险评价作了一些有意义的尝试（Günther et al., 2002）。在此之后，各个国家开始了区域滑坡稳定性分区及预测问题的研究。随着研究的逐步深入，各个国家的专家学者基本对"多因素综合预测法"用于滑坡危险性分区的预测达成了基本共识，并且提出各种方法，建立数学模型。

在危险性评价模型研究方面，国外学者的代表性模型有考虑地下水作用的物理确定性模型、分布式斜坡稳定性模型、指标分析模型、逻辑回归模型、统计分析模型、概率分析预测模型和模糊集预测模型等。在技术手段上多采用 GIS 来实现危险性区划的空间表达。如印度学者 Gupta 等（1993；1997）运用了 GIS 技术对喜马拉雅山脉的研究区进行了滑坡灾害危险性评价及区划研究。随后，美国的Mejia-Navarro 和 Wohl（1994）同样采用 GIS 技术，综合考虑基岩、构造、气候、地形、地貌和水文条件等影响因子，对哥伦比亚的麦德林地区开展了滑坡等灾害的危险性评价研究。Westen 等 （1997）考虑不同尺度效应下滑坡危险性，并通过 GIS 技术和统计模型的耦合应用划分了不同等级滑坡危险性区域。进入 21 世纪以来，地质灾害危险性评价与区划研究成果呈现持续增加趋势。韩国的 Lee 和Min（2001）采用 GIS 空间数据管理和空间分析技术，并结合遥感数据对龙仁市地区进行区域滑坡敏感性研究。Kiburn 在对崩塌、滑坡和泥石流等地质灾害的研究方法系统总结的基础上，提出基于地质地形调查，运用遥感技术、数字化模型、GIS 技术、全球定位系统（GPS）技术等综合手段，提高地质灾害危险性评价的精确性。Ragozin 和 Tikhvinsky（2000）通过区域面积、灾害发生面积、灾害数量和时间之间的关系表达式来建立定量评价模型，对区域地质灾害的危险性进行评价研究。美国的 Perotto-Baldiviezo 等学者，基于 GIS 的空间分析技术与模拟方法对洪都拉斯南部的滑坡灾害进行了危险性评价。Einstein 提出事件先验概率和后验概率的统计方法，从滑坡灾害图的角度对滑坡灾害的危险性和风险评价进行了系统分析。

国内方面，开展地质灾害危险性评价研究工作起步较晚，但发展迅速，近年来也取得了很多研究成果。尤其是利用 GIS 技术开展地质灾害危险性评价与区划研究方面，在充分利用 GIS 空间分析、数据管理、地图编辑、数字高程分析等优势功能的基础上，还先后提出了信息分析模型、专家打分模型、多因素回归分析模型、判别分析模型及物元模型等，针对特定区域开展研究工作，取得了显著成效（丛威青等，2006；高振记等，2014；孙志华等，2016；王喜娜等，2015；武雪玲等，2016；许波等，2016；张光政，2016）。殷坤龙和晏同珍（1987）基于对滑坡、崩塌灾害影响因素的统计分析，提出了滑坡灾害危险性评价的系统模型法。中国科学院成都山地灾害与环境研究所提出采用危险度方法判别滑坡的危险性，并又将此方法进一步用于区域滑坡危险性区划研究领域（乔建平，1991，1995；乔建平等，1994）。朱照宇等（2001）根据"灾害密度"和"灾害强度"两个指标将广东省沿海陆地进行了地质灾害易发区划分，划分出 9 个一级区和 32 个二级区域；梁国玲等（2000）基于 GIS 空间分析原理，建立了以评价地质灾害发育强度、危害性、危险程度等为目的的空间分析模型系统，系统中分别采取不同的影响因子和模型对地质灾害进行了危险性评价、发育强度评价、发展趋势预测以及危险程度预测。张春山等（2003）根据地质灾害发育密度以及地质灾害发育的地质环境条件，运用灰色关联分析方法确定权重，并利用危险指数建立数学模型，将黄河上游地区进行了地质灾害易发区划分。鲁光银等（2005）利用模糊数学的相关理论，建立了多源信息融合的地质灾害综合评估数学模型，并且在该模型基础上，通过 GIS 空间分析功能，获取数学模型中的参数，采用快速判别分析的方法对评价单元的地质灾害进行区划研究。褚洪斌等（2003）采用层次分析法对河北太行山地区地质灾害的主要影响因素进行了分析，通过计算各因素的权重并且叠加分析，计算出单灾种评价指数和综合评价指数，用以表征地质灾害的危险性。王雁林等（2011）以汶川地震中陕西的勉县、宁强县、略阳县三个重灾县的地质灾害防治区划为研究对象，借鉴自然灾害风险概念，在三个地区地质灾害危险性评价和承灾体地质灾害社会经济易损性评价基础上，通过 GIS 平台，进行了地质灾害危险性风险区划初步研究。陈亮、孟高头、张文杰、王保欣以浙江省仙居县地质灾害调查与区划项目为例，在信息论原理基础上，建立了地质灾害区划的信息分析系统，从而建立了多因素分析的地质灾害预测区划方法。向喜琼和黄润秋（2000）采用基于 GIS 的人工神经网络模型用于地质灾害危险性区划。戴福初将 GIS 运用到灾害历史数据的管理及成图的表达中（Dai and Lee，2002；戴福初和李军，2000）。也有学者基于 WebGIS 开发的地质灾害数据管理系统，实现了地质环境和地质灾害空间信息的集中管理、远程浏览查询、信息共享等功能（毕华兴等，2004；陈植华等，2003；黄健等，2012；刘奇，2012；张桂荣和殷坤龙，2005；周平根等，2007）。另外，利用 GIS 的空间分析功能与滑坡灾害空间预测模型相结合，进行地质灾害危险性预测研究，得到了相应的预测分区图和灾害敏感区图（Anbalagan et al., 2015; Arnous, 2011; Pandey et al., 2008; Raghuvanshi et al., 2015; Sharma and Kumar, 2008; Vahidnia et al., 2009; Yazdadi and Ghanavati, 2017; 方丹等，2012; 高华喜和殷坤龙，2011; 胡德勇等，2007; 苏欢等，2006; 谭立霞，2008; 杨纬卿，2010; 俞莉，2012）。

除此之外，随着国土资源部 1∶10 万县（市、区）地质灾害调查、1∶50 万省级地质灾害调查以及重点防治区 1∶5 万地质灾害调查项目的实施，从一定程度上促进了地质灾害调查与区划工作的研究。

2. 吉林省地质灾害研究现状

目前，关于吉林省地质灾害，许多学者从不同角度进行过研究和探索。王立春（2001）介绍了吉林省地质灾害类型、分布规律与主要危害以及防治现状，并将全省划分为 4 个地质灾害区，简要提出了各类地质灾害的防治对策建议。赵海卿等（2004）为了评价地质灾害的危害程度，提出了地质灾害危害性概念，选择历史灾害危险性、潜在灾害危险性、社会经济水平、承灾体类型 4 个基本要素和相应的 17 个评价因子作为评价因素，利用二级模糊综合评价方法，对吉林省东部山区地质灾害危害性进行分区评价。滕继奎（1997）针对吉林省的地质灾害类型及各类地质灾害的成因、分布及其危害进行了论述，对其防治对策进行了探讨，提出了切合吉林省实际的五项防治措施。张丽等（2009）以吉林省磐石市为例，将灰色聚类法应用到区域地质灾害危险性评价中，确定了影响地质灾害危险性的主要地质环境因素，建立了区域地质灾害危险性评估的数学模型，并且根据评价结果，按地质灾害危险性程度将磐石市划分为 4 个区。刘显臣等（2004）根据吉林省敦化市泥石流地质灾害的发育特征及分布规律，分析了形成条件及影响因素，提出了防治对策建议，指导了敦化市泥石流防治工作。程凤君等（2009）介绍了通化市地质灾害预报预警方法，指导了通化市汛期防灾减灾工作。孙秀菲等（2008）对江源区地质灾害发育特征及防治对策进行了研究，并对地质灾害造成的损失进行了现状评估和预测评估。许清涛（2004）在收集大量资料的基础上，采用定性分析与定量分析相结合的方法，运用单元网格信息量综合评判法对吉林省和龙市进行了易发区划分，为和龙市防灾减灾及城市规划提供了可靠依据。

综上所述，应用广泛的 GIS 技术为地质灾害危险性评价的研究提供了一种有效的工具。利用 GIS 技术不仅可以对各种地质灾害及其相关信息进行管理，而且可以从不同空间和时间的尺度上分析地质灾害的发生与环境因素之间的统计关系，评价各种地质灾害的危险性和可能的灾害范围。GIS 方法在地质灾害领域的应用更加广泛和深入，数据存储与更新、空间分析、数字高程模型（DEM）等

GIS 功能以及 GIS 技术与专业模型和专家系统的结合使地质灾害评价、区划、风险评估和灾害发生过程的模拟等成为可能，GIS 与地质灾害空间预测模型方法的结合成为地质灾害危险评价与预警研究的新趋势。

另外，很多学者已经对吉林省地质灾害进行了研究，做了大量的工作。总体来说，大多是对一个具体的县（市、区）地质灾害进行研究或者从省级层面进行概括，尚未进行较为深入的研究。因此在全省 1∶10 万县（市、区）地质灾害调查与区划的基础上，对全省地质灾害进行深入研究，是本书研究的一个新思路。

3. 地质灾害影响因素关系研究现状

降水是地质灾害最常见的诱发因素，国内外学者经过不断努力，研究在不同地质和气候条件下降雨量和地质灾害发生的关系（李晓，1995；林孝松和郭跃，2001；王晓明等，2005；郑苗苗等，2016）。其中主要的研究内容就是确定降雨诱发地质灾害发生临界值的方法。其中最著名的就是 Glade（2000）建立的三个模型：日降雨量模型（降雨强度临界值）、前期日降雨量模型（降雨过程雨量临界值）和前期土体含水状态模型（土体含水状态临界值）。国内外学者对降雨量和滑坡的发生关系做了较为详细的相关分析，如 Brand 等（1984）研究表明香港地区的滑坡灾害与 1 h 降雨量关系密切。谭炳炎（1994）利用短历时暴雨 10 min 雨强、1 h 雨强、24 h 雨量和前期降雨量来表示临界降雨量，并结合流域内泥石流发生的地面条件（地质环境），提出地质-气象组合预报模式。该方法模型综合考虑了气象和地质条件对降雨诱发地质灾害各因素的作用，较为全面，然而依赖专家经验较多，仍需大量实践的检验。近年来，有学者对不同地区降雨诱发滑坡灾害的临界值或阈值进行了研究（李大鸣和吕会娇，2011；李铁锋和丛威青，2006；李媛，2005；谢剑明等，2003），在前期降雨量逻辑关系、前期有效降雨量模型及公式系数的研究方面都取得了一定的研究进展，为进一步提高模型的精确性提供了一定的前期基础。

地质灾害的发生与其周围的地质环境条件密切相关。前人从不同角度研究了地质灾害与地质环境条件的关系。阳岳龙等（2007）研究了湖南省的地形地貌类型，通过野外调查及 GIS 技术对湖南省地质灾害进行了分析，并且绘制了湖南省地质灾害分布图，研究结果表明湖南省主要地质灾害与低山、低中山、中中山和喀斯特山原等地貌类型关系密切。冯秀丽等（2004）研究了黄河三角洲海域地貌对海底地质灾害的影响，分析了地貌演化通过海底地质灾害对海底管线、座底式平台稳定造成较大危害，影响构筑物设计和施工。郭芳芳等（2008）基于 ArcGIS 平台，利用 SRTM2DEM 数据资料，选择青藏高原东缘及四川盆地为研究区，提取了区内地形起伏度和坡度等地貌参数，统计了区内 2319 个滑坡点的高程，初步建立了地形地貌与滑坡灾害点分布之间的对应关系，研究发现，这些地区的深切"V"形河谷和山谷地貌与地质灾害关系密切。黄支余、雷良蓉等（2006）对三峡库区公路修建所发生的地质灾害进行了分析，论述了地质灾害的形成条件，探讨了地质灾害形成与地质构造的关系，研究发现地质灾害发育的类型及其分布范围与区域地质构造有着密切的关系。张拴厚等（2008）探讨了陕西龙门山地震带地质灾害与地质构造的约束，研究了地震带地质构造对地质灾害形成的影响。李宗亮等（2010）研究了四川泸定地区岩土体类型与地质灾害的关系，研究结果表明地质灾害的孕育、发生和成灾等都是岩土体不同活动形式的反映，不同岩土体具有不同的物理、力学及水理性质，其可能产生的地质环境问题也不同，在进行灾害预测评价时，必须充分考虑不同岩土体与地质灾害的关系。

综上可知，目前研究区域地质灾害的思路是从形成地质灾害的地质环境条件入手，分析影响因素与地质灾害的关系。已有资料大多是分析某一个因素和地质灾害的关系。通过野外调查发现，地质灾害的发生与地形地貌、岩土体类型、地质构造以及植被、降雨等多个因素有关，因此开展地质灾害调查与区划综合研究，需从研究地质环境条件着手开展研究工作。

1.2.2　地质灾害风险预警预报及风险管理研究进展

作为一种综合性的科学概念，"地质灾害预警"一词在 20 世纪 90 年代才出现，但泥石流等单灾种的预警研究则早就开始了。铁路运行中关于泥石流爆发的警报出现于 20 世纪 60 年代，70 年代形成了比较科学的泥石流预警系统，90 年代开始局部地区的滑坡泥石流群测群防预警工作。20 世纪 60 年代国外即开始利用设置分层桩的方法进行岩溶地面塌陷监测预警（Jennings，1966），而不同精度的滑坡监测预警工作则开展得更早。根据有关部门对全国突发性地质灾害的分类统计，发现持续降雨诱发者占总发生量的 65%，其中局地暴雨诱发者约占总发生量的 43%，占持续降雨诱发者总量的 66%。也就是说，约三分之二的突发性地质灾害是由于大气降雨直接诱发的或与气象因素相关的。开展地质灾害预报预警的主要目的是：

（1）提高公民的防灾减灾意识，提高地质灾害群测群防的针对性、有效性。

（2）推动各级地方政府的地质灾害防治工作。

（3）提升地质环境与气象因素耦合作用的科学技术研究水平。

地质灾害预报预警是一种长期的、持续的、跟踪式的、深层次的和各阶段相互联系的工作，而不是随每次灾害的发生而开始和结束的活动，应从局限于科学研究或个别行业，变为有组织的社会行为。

1. 国外研究现状

地质灾害预报预警工作在很多国家都有开展（Glade et al.，2005），据本地区的地质环境条件提出具体的预报预警方法。国际组织 JTC-1 （Joint Technical Committee on Landslides and Engineered Slopes）从土地利用规划的角度，对滑坡进行了敏感性、危险性和风险性三个阶段的区划用于预警（Fell et al., 2007）。

美国是最早开展地质灾害预警工作的国家之一。美国地质调查局（USGS）对加利福尼亚旧金山湾群发性滑坡、泥石流等地质灾害进行详细调查后，在分析研究滑坡、泥石流分布规律和地质环境条件的基础上布置了覆盖全区的监测仪器，于 1985 年与美国国家气象服务中心（NWS）联合建立了旧金山湾地区泥石流预警系统，实现了实时采集雨量、土体含水量及孔隙水压力变化数据，并依据降雨强度、岩土体渗透能力、含水量和降雨量变化做出的综合分析判断，及时向公众公布预警结果。该系统利用 50 部射电遥测雨量器组成预警网络，结合对研究区岩土体的含水量的监测，从而在预测降雨超过临界降雨强度的情况下及时发布预警信息。利用该系统于 1986 年成功地对该区暴雨后滑坡泥石流进行了预警，实地调查结果与预警结果有较大的吻合性，此后又进行了数次建议性警戒提示。在旧金山成功预报后，美国的夏威夷州、俄勒冈州、弗吉尼亚州各自建立了类似的预警预报模型方法，并且进行了数次的实时预报。美国地质调查局于 2000 年制定的未来十年规划中提出，重新启动旧金山滑坡实时预报系统并计划利用气象雷达图像，提供更精确的实时降雨预测。选择其他灾害多发区，建立类似预报系统；加强滑坡机理和发展过程研究，进一步完善预警预报模型，并且编制相关的滑坡灾害图，为政府主管部门做出针对性的减灾决策提供更有效的信息。

日本、巴西、新西兰和南非等斜坡地质灾害较发育的国家也建立了类似的预警预报系统，曾经或正在进行面向公众的区域性降雨滑坡实时预报，预报的时间精度可以达到以小时衡量。

日本在泥石流预警系统研制和开发方面处于国际领先地位。他们以发展具体一条或相邻沟的小规模地区的泥石流预报系统为主，通过上游泥石流形成区降雨资料的统计分析，确定临界雨量和临界雨量报警线，通过上游雨量实时数据采集、演算和比较判别，自动发出报警信号。

2. 国内研究现状

香港是国内最早研究降雨和滑坡关系、实施降雨滑坡气象预报的地区，目前处于国际一流水平。香港地区 90%的滑坡为浅层滑坡（小于 3m），且规模小于 50m³。香港土木工程拓展署土力工程处平均每年接获 200～300 处滑坡报告，均为各类边坡失稳。1977 年以后，土力工程处对全港 54000 个边坡进行了详细的分类编录和稳定性调查评价。香港特别行政区政府于 1984 年启动了滑坡预警系统，确定 1 h 降雨量 75mm 和 24 h 日降雨量 175mm 为滑坡警报的临界降雨量。1999 年以后，主要根据自动雨量计记录的前期 21 h 雨量和基于多普勒雷达的未来 3 h

预报雨量开展地质灾害预警。目前，香港已经积累了 100 多篇有关降雨滑坡的专门研究报告和公开论文。

内地开展区域地质灾害监测预警系统研究始于 20 世纪末，最早应用于三峡库区，它以地质灾害空间数据库为基础，群测群防监测与专业监测网络相结合，形成了基于 GPS、GIS 技术的监测预警体系，取得了较好的效果（王佳佳和殷坤龙，2014）。2003 年，中国地质环境监测院编制了《全国地质灾害气象预报预警实施方案》。该方案将全国划分为 7 个大区、74 个预警区，根据国家气象局提供的未来 24 h 降雨量预报数据，分析判断降雨诱发地质灾害的空间范围及概率，进行预报预警，并向社会发布信息。

其他研究包括：吴树仁等（2004）在三峡库区典型地段滑坡灾害调查评价和统计分析的基础上，结合典型滑坡变形发展的阶段性变形现象、标志和临界诱发因素分析，初步滑坡预警预报判据。中国地质环境监测院刘传正、刘艳辉（2007）研究了地质灾害区域预警原理与显式预警设计。通过总结分析国内外经验和新认识，把地质灾害区域预警原理初步划分为隐式统计预警、显式统计预警和动力预警三种类型。该项设计研究为具体研发设计某个地区的预警系统提供了思想平台，为建立国家、省和市（县）分层级联动的地质灾害区域预警体系提供了技术路线。杜榕恒（1991）对长江三峡库区 1982 年 7 月暴雨诱发的 80 多个典型滑坡的发生时间和降雨历时进行了统计分析。谢守益等（1995）选择三峡库区鸡扒子滑坡、黄蜡石滑坡和新滩滑坡进行实例分析，通过不同类型降雨对比，确定了典型滑坡的降雨阈值，并利用极值分布理论统计分析讨论了典型滑坡的降雨诱发概率。陈正洪等（2009）从几十个典型事例出发，分析了湖北省降雨型滑坡泥石流的时空分布特征及其与降雨的关系。单九生等（2004）对江西省历史上 460 个有降雨资料的滑坡统计结果表明，暴雨决定着滑坡发生的时间，当日降雨量＞50mm，发生的滑坡占 87%，其中日降雨量为 100～400mm 发生的滑坡占 70%。近年来，随着我国地质灾害预报预警工作的推广和实施，一些省（市、区）相继开展了本地区的地质灾害预报预警工作（陈平和丛威青，2006；傅朝义等，2006；姬怡微，2013；李观德，1998；刘传正，2004；刘传正等，2004；彭轲等，2010；宋光齐等，2004；王川等，2003；吴跃东等，2008；肖伟等，2005；许强等，2004；张桂荣等，2005；周国兵等，2003）。有学者基于 GIS 的地质环境空间分析预警理论方法和基于临界过程降雨量判据图的预警方法，指出建立临界过程降雨量判据与地质环境空间分析相耦合的滑坡泥石流灾害预警理论是当今地质灾害预报预警工作的新的研究方向（李小根和王安明，2015；廖婧等，2016；王卫东等，2015）。

1.2.3 地质灾害风险评价及预警预报研究存在的问题

总结国内外地质灾害风险评价及风险预警预报的研究进展可以看出，该领域研究在经过了多年的发展以后，取得了显著的研究成果，在地质灾害风险评价及预警预报理论与方法实践方面形成了一定的体系，对指导地质灾害的预防和减灾工作起到了一定的指导意义，为社会经济发展起到了积极的促进作用。然而，由于人类对地质灾害的认识仍在不断发展之中，该领域的研究还存在以下问题：

（1）在理论层面上，对地质灾害以及地质灾害风险关键影响因素的相互作用关系缺乏定量研究，无法明确各个风险因素对风险形成的贡献率，缺乏基于风险形成机理的地质灾害风险评价研究。

（2）地质灾害风险评价模型种类繁多但评价精确性仍需提高，并且这些模型多为针对某一特定研究区域而研发的，普适性不强。得到的风险等级区划图多为相对结果，难以进行横向对比。

（3）以往对地质灾害进行的预警预报研究多为危险性预警预报，很少结合地质灾害风险评价的结果进行地质灾害风险的预警预报研究和工作，在指导实际工作中，常常会导致错误的预报，带来不必要的经济损失和人员伤亡。

（4）高分辨率遥感数据、大数据、云计算等新技术和新理论在地质灾害评价及预警预报研究中仍处于起步阶段，如何更好地服务应用于各种地质灾害的研究还需要进一步探索。

1.2.4 地质灾害风险评价及预警预报研究的展望

针对以上存在问题，地质灾害风险评价及预警预报领域的研究在未来的发展方向应集中在以下方面：

（1）基于多学科交叉的方式和多源数据融合的思想，研究地质灾害形成演进中的多过程耦合动力学机制，构建成灾过程的动力学描述方法和数学模型。在此基础上，研究开发地质灾害风险早期识别、动态分析和区域化预警模型，构建一套完备的地质灾害风险评价及预警理论和技术体系。

（2）在研究的技术手段方面，地质灾害的风险评价与区划及风险预警预报研究的进一步发展都将依赖于天基-空基-地基多源数据融合、GIS 技术与地质灾害动力过程模拟模型相耦合、数据挖掘技术、智能算法技术、机器学习等新技术的综合运用。

（3）利用计算机和 GIS 软件开发平台，将研究数据、模型、算法、成果等集成，形成地质灾害风险信息管理系统，实现地质灾害风险评价和预警预报工作的模块化、高效化、可视化、智能化运行，并实现在地质灾害管理部门的业务化应用和推广，是未来发展的一个方向。

1.3　研究目标与研究内容

1.3.1　研究目标

面对极端降雨条件下我国山区地质灾害频发的严峻形势,以及国家山区建设中亟需解决的滑坡、泥石流等主要地质灾害防灾减灾问题,本书针对传统以点代面的地质灾害风险损失静态评估和地质灾害保险研究的薄弱环节和不足,利用地基、空基、天基综合观测站网数据,应用"3S"技术手段、灾害"数值-动力"模拟评估技术、灾害风险评估技术,并结合数值天气预报、区域气候模式,以吉林省东南部山区的崩塌(含不稳定斜坡)、滑坡、泥石流等主要地质灾害为研究对象,开展极端降雨诱发的地质灾害风险损失动态评估技术示范研究,将弥补地质灾害风险损失评估不足,解决地质灾害风险管理的关键性问题。通过开展地质灾害风险损失孕育机制、风险快速识别及预警模型、动态评估指标体系与模型、灾害风险损失区划等关键技术研究,建立精细化区域气候模式、预警预报模型和灾害风险评估模型相结合的地质灾害风险动态评估技术体系,对地质灾害进行风险动态评估,进行地质灾害风险区划,制定人员和财产不同风险等级的预警标准,开发可操作的地质灾害动态风险评估业务化系统,开展示范应用。本书研究成果将对地质灾害调查评价工作及地质灾害损失评估、统计具有指导意义,可以推广到我国其他山区地质灾害,推动地质灾害风险评估研究的进程,可为人们生命财产防灾避灾、合理布局、预案编制、减灾规划和保险等提供科学依据和技术支撑。

1.3.2　研究内容

本书主要研究内容如下:

(1)极端降雨诱发下的山区地质灾害成灾机理与过程模拟技术研究。

研究坡面产流随降雨、地表条件的变化关系和相应的降雨-入渗-产流耦合机制的变化过程,研究突发性降雨条件诱发下,崩塌、滑坡、泥石流形成演进中的多过程耦合动力学机制,建立多过程、跨尺度集成动力学模拟模型。分析崩塌、滑坡、泥石流规模放大效应及其行进过程与建筑物作用关系,研究崩塌、滑坡、泥石流灾害成灾过程机制,构建成灾过程的动力学描述方法和数学模型。在上述研究基础上,研究开发地质灾害风险早期识别、动态分析和区域化预警模型,构建基于天基-空基-地基一体化的多源数据融合的地质灾害风险快速识别及预警技术。

(2)极端降雨诱发下的山区地质灾害风险损失动态评估技术研究。

从地球系统过程与资源、环境和灾害效应耦合角度,在揭示不同类型的地质灾害形成过程和耦合动力学机制基础上,深入研究灾害形成机理、动力学演进过程和成灾机制，从大气、承灾体、下垫面特征所涉及的多圈层相互作用过程出发，针对不同的地质灾害等级、不同地质灾害发展阶段，建立和灾害风险评估模型相结合的新一代全过程的地质灾害动态风险损失评估技术。

根据地质灾害的自然属性和社会属性，从灾害风险形成的四因素，即致灾因子的危险性、承灾体暴露性、承灾体脆弱性、防灾减灾能力（恢复力）入手，利用网格技术、GIS 技术、自然灾害风险评估技术、层次分析法（AHP）等复合研究方法，分别建立地质灾害危险性模型、暴露性模型、脆弱性模型、防灾减灾能力（恢复力）模型；在以上研究基础上，研究地质灾害风险四个关键因子之间耦合关系、量化方法，最终构建多尺度、多属性、多因素的地质灾害综合风险评估指标体系和综合模型，确定地质灾害风险表征方法，研究地质灾害风险等级划分方法和标准。

建立精细化区域气候模式、灾害动力学过程模拟、预警预报模型和灾害风险评估模型相结合的地质灾害风险动态评估技术及业务化。

（3）极端降雨诱发下的地质灾害风险损失区划技术研究。

根据区域地质灾害风险损失评估结果，利用非线性数学方法确定区域地质灾害风险区划的阈值；利用 GIS 技术、风险表征技术和图谱技术，编制典型区域的地质灾害风险区划图（危险性图、暴露性图、脆弱性图、防灾减灾能力图、综合风险图）。在以上研究基础上，研究地质灾害风险评估综合模型与区划技术方法，构建地质灾害综合风险图谱绘制与可视化技术，编制研究区不同空间尺度地质灾害损失风险区划图和防灾减灾规划图。

（4）极端降雨诱发地质灾害风险预警研究。

以通化县为研究区域，基于自然灾害风险形成原理、地质灾害形成原理，从灾害科学、风险科学等学科观点出发，综合考虑通化县自然、社会经济现状，从致灾因子、孕灾环境、承灾体角度对地质灾害风险预警进行研究。利用逻辑回归、GIS 技术等技术方法确定在不同地质地貌条件下地质灾害发生的概率，建立地质灾害风险预警模型，确定地质灾害风险预警模型阈值，最后实现地质灾害风险日预警。最后分别建立基于数理统计的极端降雨诱发地质灾害预警和基于风险的极端降雨诱发山区地质灾害预警模型及技术体系。

（5）极端降雨诱发下的地质灾害风险动态评估业务化系统集成与示范应用研究。

在上述研究的基础上，以 GIS 为技术平台，借助组件对象模型 COM 技术和信息融合技术，通过参数共用，对地质灾害动态模拟模型、灾害风险早期识别与预警模型、灾害风险动态评估模型耦合，构建基于多模型耦合的"风险早期识别-风险预警-风险损失评估-应急决策"一体化的地质灾害风险动态评估业务化系统，实现地质灾害风险评估、预警和应急决策一体化和实时化。本书提出的地质灾害风险损失动态评估的内涵不仅包括灾害风险因素的识别、风险评估、警报判断和预警定级，还包括风险规避对策的提出。因此，地质灾害风险动态评估业务化系统包括地质灾害风险识别子系统、地质灾害风险损失评估子系统、地质灾害风险预警子系统、地质灾害风险规避应急决策子系统。在吉林东南部通化、白山、延边等滑坡、崩塌、泥石流易发区开展示范应用及推广。

1.4 研究方法与研究技术路线

1.4.1 地质灾害综合数据库的构建

通过查阅大量国内外相关文献，确定本书研究所需数据类型，收集整理吉林省东南部山区地质灾害相关数据并开展向相关野外实地调查，设计地质灾害综合数据库的框架及完成各项调查统计资料、分析报告、图件资料的入库工作（图1-1）。

数据库中主要数据包括以下几种。

空间数据：遥感数据（1∶1万航拍遥感影像、SPOT5影像、高分一号影像和DLR-DEM数据等）、地质地貌图、土地利用分布图、土壤类型图、水文数据[地表水分布、地下水分布（如径流、降水和水库蓄水等）]、基础地理数据（海拔、经纬度、坡度、地形）、生态环境数据（水土流失率、植被覆盖率）等。

属性数据：气象数据（研究区内气象站点1960～2016年逐日降水量统计）、社会经济数据（总人口、人口密度、种植业、林业、畜牧业、水产养殖业相关人口、产量、地区生产总值、第一产业生产总值、人均产值、人均收入、耕地林地面积等）、灾害管理（防灾管理水平的政策、应急物资保障、政府防灾减灾投入资金管理、防灾监测点的布设及人员配置等）。

结果数据：通过本书研究后所得的研究结果，如地质灾害危险性因子动态识别体系、吉林省东南部山区地质灾害动态风险评估图以及灾害风险预警预报系统都包含在本地质灾害综合数据库中。

模型数据：包括在研究山区地质灾害的成灾机理和过程模拟中所用到的一维、二维模型的相关数据和方法。

知识数据：包括在完成研究的过程中所查阅并学习的相关文献、报告以及已有资料等。

历史灾情数据：将研究区内统计在案的地质灾害发生情况（灾害发生具体地理位置、频率、受灾面积、受灾人口数量、经济损失等）记录在Access数据库中，并将具有代表性的典型案例进行筛选和研究。

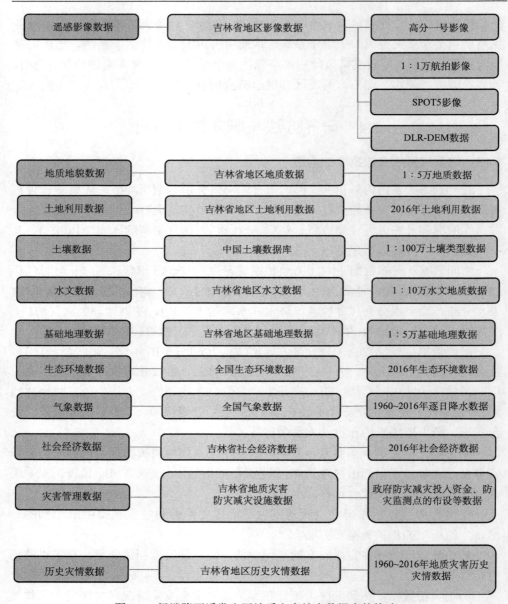

图 1-1 极端降雨诱发山区地质灾害综合数据库的构建

1.4.2 数据收集和野外调研

1. 数据收集

本书所用数据收集情况如下:

遥感影像数据收集：已购买 2016 年高分一号影像、1：1 万航拍影像和 SPOT5 影像，DLR-DEM 数据来源于德国宇航中心网站提供的高精度数字高程模型。

地质地貌数据收集：吉林省国土资源厅地质环境处提供吉林省 1：5 万地质地貌数据。

土地利用数据收集：土地利用数据来源于地理国情监测云平台提供的 2016 年全国土地利用数据以及从获取遥感数据中目视解译所得。

土壤类型数据收集：土壤类型数据来源于地理国情监测云平台提供的 1：100 万全国土壤类型数字地图。

水文地质数据收集：1：10 万水文地质数据来源于中国地质科学院地质科学数据共享网以及吉林省国土资源厅地质环境处。

基础地理数据收集：吉林省详细行政边界、地形、等高线等基础地理数据来源于吉林省国土资源厅地质环境处。

生态环境数据收集：数据来源于吉林省国土资源厅地质环境处。

气象数据收集：本项目气象数据来源于中国气象科学数据共享服务网。共选取吉林省境内所有气象站点 1960～2016 年逐日降水数据。

社会经济数据收集：2016 年社会经济数据来源于吉林省统计年鉴以及中华人民共和国国家统计局官方网站。

灾害管理数据收集：数据来源于吉林省国土资源厅地质环境处政府防灾减灾投入资金、地质灾害防控点布控等详细资料。

历史灾情数据收集：历史灾情数据来源于吉林省国土资源厅地质环境处统计的截至 2016 年地质灾害发生详细时间、位置、灾损情况、致灾原因等的历史灾情详细资料。

2. 野外调研情况

笔者开展了吉林省东南部山区地质灾害野外调研。本书开展野外调研的目的是：①为极端降雨诱发山区地质灾害机理及过程模拟模型提供本地化参数；②为极端降雨诱发山区地质灾害动态风险评估关键指标选取提供参考；③为极端降雨诱发山区地质灾害动态风险评估以及预警系统的结果验证提供依据。

以通化县、蛟河市、延龙图地区为研究区进行地质灾害验证调研。调研内容包括：①验证灾害点地理位置和规模；②调查灾害点周边的承灾体及地区相关社会经济数据；③验证遥感解译的土地利用类型是否准确。图 1-2～图 1-4、表 1-1、表 1-2 和图 1-5 是工作人员实地考察场景图以及野外调研表的设计。

图 1-2　工作人员野外考察场景（一）

图 1-3　工作人员野外考察场景（二）

表 1-1 遥感解译记录表

项目名称：

承担单位： 本表编号：

调查区名称					解译类型	
涉及行政区		省 市 县				
数据类型			接收时间		年 月 日	
解译编号	最终编号	名称	中心点地理坐标	面积/长度（km²/km）	存在问题	
			° ′ ″E ° ′ ″N			
			° ′ ″E ° ′ ″N			
			° ′ ″E ° ′ ″N			
本次调查	遥感影像：					
	存在问题及野外工作建议：					
			解译人： 日期： 年 月 日			
	数据类型		接收时间			
复核意见：						
			复核人： 日期： 年 月 日			

表 1-2 遥感验证记录表

工作项目名称：

承担单位：　　　　　　　　对应解译表编号：　　　　　　　本表编号：

调查区名称		解译类型	
观察点坐标		° ′ ″E;　　　° ′ ″N;	
数据类型		接收时间	

图斑编号：＿＿＿＿＿图斑属性：＿＿＿＿＿

与解译结果对此：□对　　□错　　□漏

观察点描述：

实地照片编号：　　　　　　　解译图斑编号：　　　　　　　镜头指向：

填表人：	日期：	检查人：	日期：

图 1-4　工作人员野外考察场景（三）

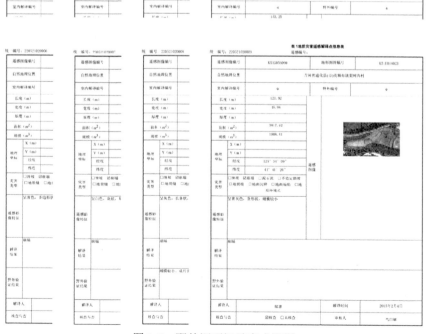

图 1-5　野外调研记录表成果图

　　本项目的研究过程中在吉林东南部山区选取了具有代表性的几个地区作为项目野外调研区域，包括通化县、蛟河市和延龙图地区。项目实际调研路线如图1-6~图1-8所示。

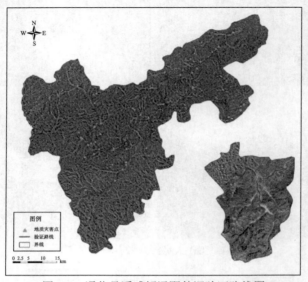

图 1-6　通化县遥感解译野外调验证路线图

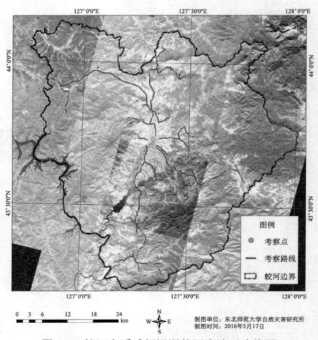

图 1-7　蛟河市遥感解译野外调查验证路线图

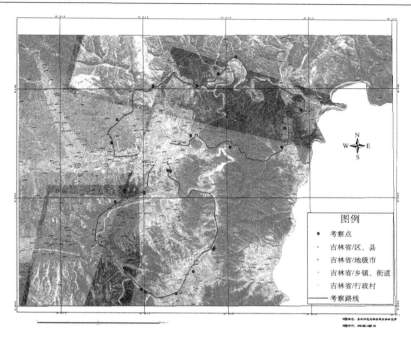

图 1-8　延龙图地区土地利用野外调查图

3. 数据处理

数据处理部分：在进行地质图数字化、灾害点的识别、提取以及地质灾害风险因素的识别过程中，部分指标需要通过遥感解译技术来获取，为满足项目要求，项目组采用了航拍影像（比例尺 1 : 1 万，分辨率 0.5m，通化县）、高分一号影像（分辨率 2.0 m，蛟河市）、SPOT5 遥感影像（分辨率 2.5m，延龙图地区）数据和DLR-DEM 数字高程数据作为地质灾害调查数字化的基础图件。相关数据处理主要是地质地形图数字化、地质因子的提取以及土地利用类型的遥感解译。

地质因子主要利用 ArcGIS10.2 中的 ArcToolBox 工具箱的 Spatial Analysis Tools 来进行空间提取与分析，包括相关的坡度和坡向等因子，提取方法如下：

坡度和坡向是表示地表面在地面某一点处的倾斜程度和倾斜方位的量。某个点的坡度是地表曲面在该点的切平面与水平面夹角，某个点的坡向是指该切平面上沿最大倾斜方向矢量在水平面上的投影的方位角。本项目中使用 ArcGIS10.0 软件来生成坡度和坡向数据。

输出坡度栅格可使用两种单位计算：度和百分比（高程增量百分比）。如果将高程增量百分比视为高程增量除以水平增量后再乘以 100，就可以更好地理解高程增量百分比。请考虑下面的三角形 B。当角度为 45°时，高程增量等于水平增量，所以高程增量百分比为 100%。如三角形 C 所示，当坡度角接近直角（90°）时，高程增量百分比开始接近无穷大，表示方法如图 1-9 所示。

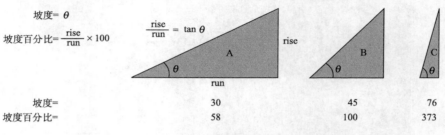

图 1-9　坡度表示方法

坡度取决于表面从中心像元开始在水平（dz/dx）方向和垂直（dz/dy）方向上的变化率（增量）。用来计算坡度的基本算法是：

$$\text{slope radians} = \text{ATAN}\left[\sqrt{\left(\frac{dz}{dx}\right)^2 + \left(\frac{dz}{dy}\right)^2}\right] \qquad (1\text{-}1)$$

坡度通常使用度来测量，其算法如下：

$$\text{slope degrees} = \text{ATAN}\left[\sqrt{\left(\frac{dz}{dx}\right)^2 + \left(\frac{dz}{dy}\right)^2}\right] \times 57.29578 \qquad (1\text{-}2)$$

坡向是从每个像元到其相邻像元方向上值的变化率最大的下坡方向。坡向可以被视为坡度方向。输出栅格中各像元的值可指示出各像元位置处表面的朝向的罗盘方向。将按照顺时针方向进行测量，角度范围介于 0°（正北）到 360°（仍是正北）之间，即完整的圆。不具有下坡方向的平坦区域将赋值为–1。

坡向数据集中每个像元的值都可指示出该像元的坡度朝向，如图 1-10 表示。

从概念上讲，坡向工具将根据要处理的像元或中心像元周围一个 3×3 的像元邻域的 z 值拟合出一个平面。该平面的朝向就是要处理的像元的坡向，如图 1-11 所示。

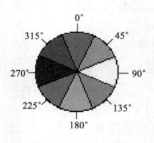

图 1-10　坡向方向

土地利用类型的遥感解译的主要目的是通过卫星和航拍的遥感影像图来获取和识别地质灾害点周边的承灾体具体情况。

（1）遥感影像镶嵌。

由于遥感成像每一景范围有限，通常一个地区难以被一定分辨率下的单幅遥感影像完全覆盖，因此要进行镶嵌。遥感影像的镶嵌是将两幅或多幅遥感图像拼

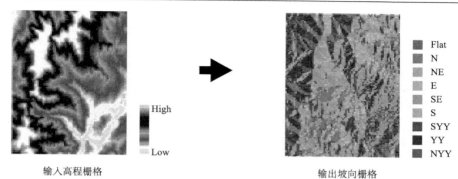

图 1-11　输入高程栅格和输出坡向栅格

接在一起构成一幅整体图像的过程。镶嵌可分为基于像元的镶嵌和基于地理坐标的镶嵌两种。本项目中使用的航拍影像因前期已经进行过预处理，所以镶嵌时采用基于地理坐标的镶嵌方法。

（2）室内目视解译。

人们对地表物体的有关领域（如土地利用）存在一种先验知识，在遥感图像寻找对应关系，然后根据遥感图像的影像特征推论地表物体的属性。这一过程就称为遥感图像的解译，也称遥感图像的判读。

遥感影像的预处理完成后就可以进行土地利用目视解译，开始解译之前首先要建立解译标志。

遥感影像解译标志也称判读要素，它能直接反映判别地物信息的影像特征，解译者利用这些标志在图像上识别地物或现象的性质、类型或状况，因此它对于遥感影像数据的人机交互式解译意义重大。建立遥感影像解译标志可以提高土地利用数据采集的精度、准确性和客观性。项目不仅要通过遥感识别地质灾害点，还要对各种地质灾害的环境背景条件进行解译，因此分别建立土地利用类型解译标志和地质灾害解译标志，以下以航拍影像为例，列举解译标志，如表 1-3 和表 1-4 所示。

表 1-3　土地利用解译标志

航拍影像	名称（地类代码）	颜色色调	形状	纹理	备注
	水浇地（012）	中灰绿	方块连片	较均匀	边界多有路、渠

续表

航拍影像	名称（地类代码）	颜色色调	形状	纹理	备注
	旱地 （013）	浅灰绿	方块 连片	不均匀	分布不广，大多在山区和居民点周边
	有林地 （031）	深绿	块状	均匀	树冠连片，纹理较粗，周边有阴影
	灌木林地 （032）	浅绿	块状	均匀	树冠分散，纹理粗糙
	其他林地 （033）	中灰绿	不规则	不均匀	多分布于农田与有林地之间
	天然草地 （041）	浅绿	不规则	均匀	多分布于山区、坡沟处

航拍影像	名称（地类代码）	颜色色调	形状	纹理	备注
	工业用地（061）	黄+灰	不规则	不均匀	多分布于城镇与农村边缘
	采矿用地（062）	白灰	较规则	不均匀	几何图形不规则，通道路，指采沙、矿、砖瓦窑
	公路用地（102）	灰黑	线状	较均匀	宽度均匀一致，走向平直,穿越居民点多
	农村道路（104）	白色	一般为直线	不均匀	多处于耕地之间
	河流水面（111）	蓝黑	不规则	均匀	交汇处或河中沙洲朝上游圆弧状，朝下游较尖

航拍影像	名称（地类代码）	颜色色调	形状	纹理	备注
	坑塘水面（114）	墨绿	不规则	均匀	居民点周边或内部，耕地中间
	内陆滩涂（116）	浅绿+白灰	不规则	不均匀	河流与大坝之间
	水工建筑用地（118）	浅白	线状	均匀	靠近河两岸，顺河走势
	空闲地（121）	浅棕	不规则	均匀	多分布于农村、道路附近
	设施农业用地（122）	浅蓝	规则	均匀	分布于村庄周围，面积不大

续表

航拍影像	名称（地类代码）	颜色色调	形状	纹理	备注
	裸地（127）	浅灰	不规则	不均匀	基本无植被，纹理简单
	城市（201）	红棕	较规则	不均匀	有城市特征，如宽阔道路、广场等
	村庄（203）	红棕+白	不规则	不均匀	房屋密集，道路交错，规模较大，纹理较粗

表 1-4 地质灾害解译标志

地质灾害体类型	航拍影像特征
不稳定性斜坡	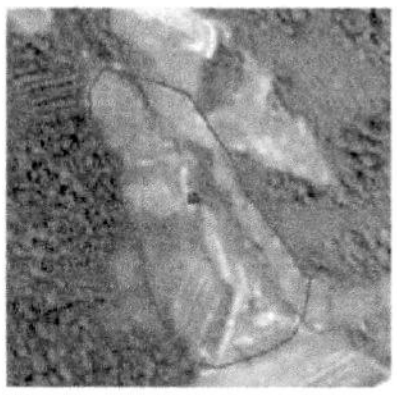
滑坡	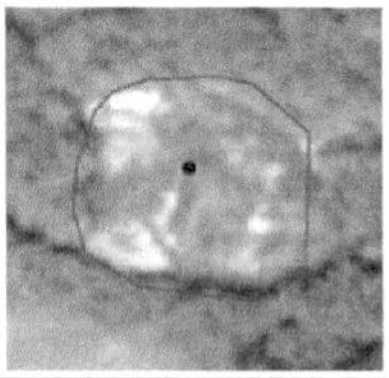

续表

地质灾害体类型	航拍影像特征
泥石流	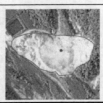

按照以上的解译标志进行土地利用类型的目视解译，解译时采用了《土地利用现状分类》（GB/T 21010—2007）标准，本标准将土地分为一级类 12 个，二级类 57 个。

地质灾害体的图像识别主要是基于其图像空间结构信息，包括形状、大小、纹理（影纹图案）等，其次是图像的光谱信息，主要是色调（图像的亮度值），并结合地层岩石及微地貌、植被、水系及景观等特征，建立不同种类灾害体的解译标志。

滑坡和斜坡的解译标志：滑坡和斜坡在遥感影像上常用灰度、形态和坡面特征进行识别，在航空影像上特征比较明显，而在卫星图像上，因比例尺较小，规模较小的斜坡和滑坡不易识别。斜坡和滑坡的主要平面形态标志有弧形、椅形、马蹄形、新月形、梨形、漏斗形和葫芦形、舌形等各种形态。

滑坡发生在具有一定滑动条件的斜坡上，具有明显的滑坡周界、后壁和滑体内部特征：滑坡周界一般呈簸箕形；滑坡多呈围椅状并较陡立；滑坡体下方由于土体挤压，有时可见到高低不平的地貌，低洼处形成封闭洼地，常积水形成封闭洼地，呈深色调；滑体前缘呈舌状，有时表层有翻滚现象而出现反向坡；滑体上的树有时呈醉汉林或马刀树，甚至有枯死现象；滑坡舌、洼地和环形沟谷有泉水出露；滑坡体迫使河流向外凸出；斜坡可参照此进行识别。

泥石流的解译标志：影像结构粗细间杂，色调为浅灰—灰白。沟槽弯曲段常见色调灰白的堆积物，影像结构粗糙的是粗砾堆积物，影像结构细腻的是细粒堆积物，沟槽顺直段缺少堆积物；泥石流堆积区主要位于沟口，平面常呈扇形体，其上水流不固定，多呈漫流或汊流。泥石流流通区常宽窄不一，流水呈分叉的游荡性河段或干沟。

地裂缝的解译标志：在遥感图像上，地裂缝通常色调深浅不一，影像特征呈线状或条带状，形状似直线状陡坎或线状低凹地形，植被分布不均匀，山体出现垭口，平地常有陡坎，含水性及湿度存在差异。

工作中严格按照解译标志和土地利用分类体系进行矢量数据的采集。矢量数据采用了 ESRI 公司的 Shapefile 文件格式，在 ArcGIS10.0 软件平台上进行操作，见图 1-12 和图 1-13。

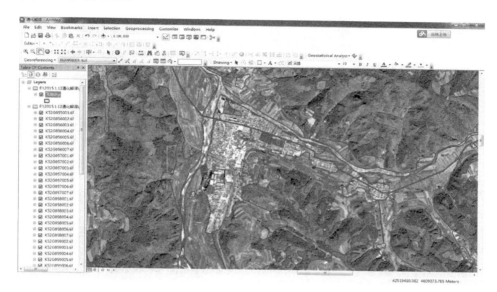

图 1-12 土地利用目视解译界面

图 1-13 地质灾害遥感解译图

图 1-14～图 1-17 是数据处理的部分成果文档图。

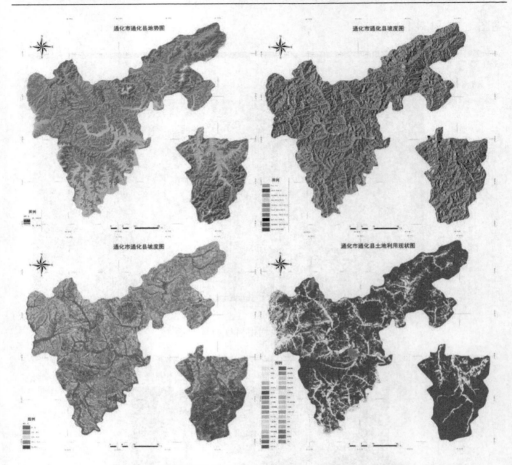

图 1-14　通化市通化县地势、坡度、坡向及土地利用图

1.4.3　技术路线

　　本项目在研究方法与技术路线上以实证分析法为主，有机结合理论方法与实际研究，结合室内数据模拟分析与野外定点观察监测，区域宏观分析与实际灾害点微观分析，国内外先进研究成果，历史灾情统计推断、灾害点现状关系分析与未来风险评估和预警预报。采用遥感技术、GIS 技术和数理统计方法，并将野外试验调查与室内模拟试验分析相结合，综合运用试验数据、统计数据、气象数据、遥感数据、社会经济数据、地质数据与土地利用数据，构建基于极端降水条件下的吉林东南部山区地质灾害动态风险评价及灾害动态风险预警系统的基础数据库。在此基础上，统计分析研究区域内的灾害案例，然后对典型的地质灾害案例进行个案分析和灾害情景重建；结合灾害模拟技术对灾害风险孕育机制和过程模

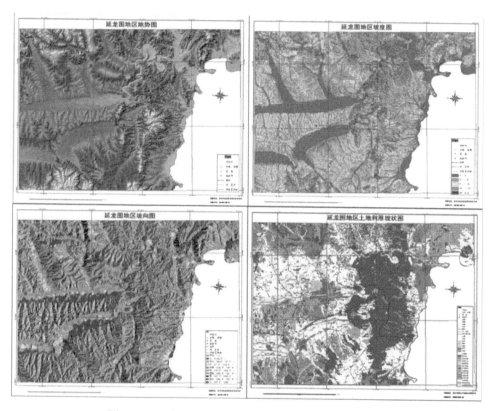

图 1-15 延龙图地区地势、坡度、坡向及土地利用图

拟进行研究，对风险因子进行识别与量化；总结以上成果后通过危险性、暴露性、脆弱性和防灾减灾能力四个方面对吉林省东南部山区进行地质灾害动态风险评估。最后结合地质灾害风险损失动态评估技术和地质灾害风险损失区划技术两项关键技术，利用"3S"技术集成于地质灾害风险损失动态评估系统，其中包括风险管理技术、仿真预测技术、信息融合技术、应急优化技术、网络技术、可视化技术、多媒体技术与决策支持系统等八项技术。为人们生命财产防灾避灾、合理布局、预案编制、减灾规划和保险等提供科学依据和技术支撑。项目总体研究框架和技术路线如图 1-18 和图 1-19 所示。

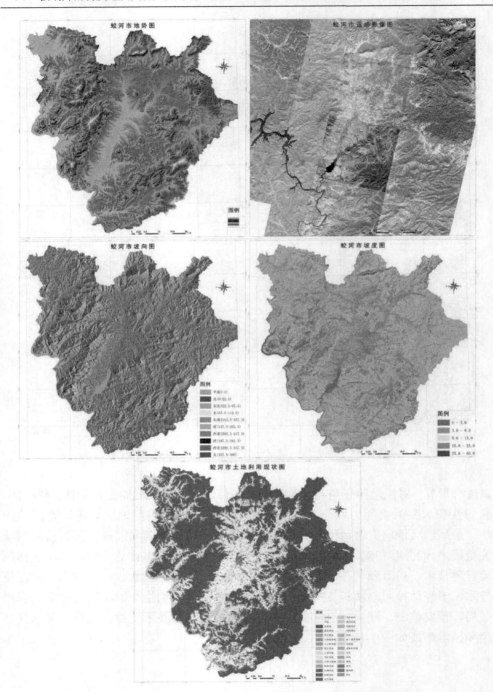

图 1-16　蛟河市地势、遥感影像、坡向、坡度及土地利用图

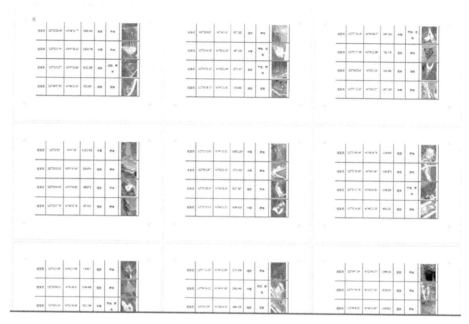

图 1-17　部分灾害点识别结果示意图

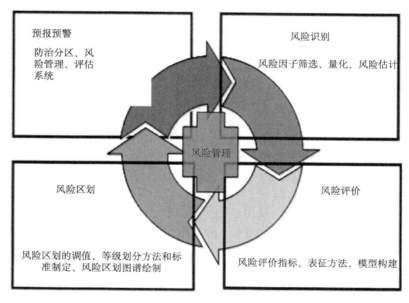

图 1-18　极端降雨诱发山区地质灾害风险动态评估研究学术思路

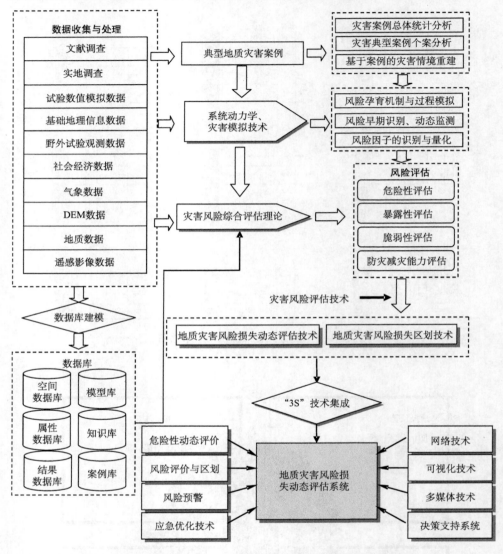

图 1-19　极端降雨诱发山区地质灾害风险动态评估研究技术路线

（1）进行地质图数字化，采用航拍影像（比例尺 1：1 万，分辨率 0.5m，通化县）、高分一号影像（分辨率 2.0 m，蛟河市）、SPOT5 遥感影像（分辨率 2.5m，延龙图地区）数据作为地质灾害调查数字化的基础图件，相关技术路线如图 1-20 所示。

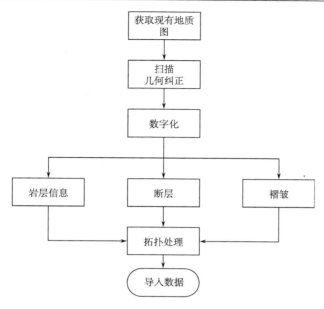

图 1-20　地质图数字化技术路线

（2）土地利用类型遥感解译的主要目的是通过卫星和航拍的遥感影像图来获取和识别地质灾害点周边的承灾体具体情况，图 1-21 所示为土地利用数据处理技术流程。

（3）地质灾害点的识别主要是基于其图像空间结构信息，包括形状、大小、纹理（影纹图案）等，其次是图像的光谱信息，主要是色调（图像的亮度值），并结合地层岩石及微地貌、植被、水系及景观等特征，建立不同种类灾害体的解译标志，地质灾害点的处理流程如图 1-22 所示。

（4）地质因子制作主要利用 ArcGIS10.2 软件中的 ArcToolBox 工具箱的 Spatial Analysis Tools 来进行，包括相关的坡度和坡向等因子，提取流程图如图 1-23 所示。

（5）根据吉林省东南部地区地形地貌、地质构造、岩土体类型、森林覆盖率等背景条件，结合大气降水等诱发因素，充分考虑现状地质灾害发育强度、分布规律以及发展趋势，采用定量分析和定性分析相结合的原则，对吉林省东南部山区进行极端降雨诱发地质灾害易发性评价，将地质灾害易发性划分为高、中、低、极低四类。根据划分结果，编制极端降雨诱发吉林省东南部山区地质灾害预警区划图。根据吉林省 1960～2016 年降雨资料，结合吉林东南部山区地质灾害易发性区划图，对极端降雨诱发山区地质灾害进行动态危险性评价，危险性动态评价技术路线图如图 1-24 所示。

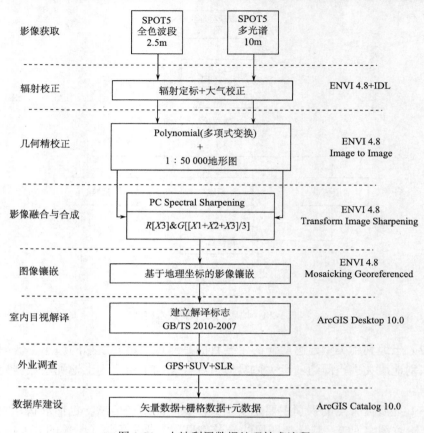

图 1-21　土地利用数据处理技术流程

（6）基于自然灾害风险评价理论，研究从危险性、暴露性、脆弱性和防灾减灾能力评价四个方面来分析崩塌、滑坡与泥石流地质灾害风险。通过分析相关研究成果，其中危险性主要从水文地质、环境地质、工程地质、生态地质和现状灾害特点等方面分析；承灾体暴露性与脆弱性主要从人口与经济暴露度及其脆弱度角度进行分析；防灾减灾能力主要从相关政策法规、防灾物资、减灾规划与灾害预报情况进行分析，构建出崩塌、滑坡与泥石流灾害风险评价概念模型，并进行风险评价及区划研究，崩塌、滑坡与泥石流灾害风险评价概念模型如图 1-25 和图 1-26 所示。

（7）结合灾害应急救助工作实际需求，基于数学建模、GIS 技术和情景分析技术等，分析研究区域内灾害风险、经济社会发展水平和交通运输等因素，以吉林省为研究对象，采用传统的研究方法与现代先进的地学技术相结合，理论和试验研究相结合，进行自然地理学、灾害科学、地质学相融合的多学科综合研究，建立研究区地质灾害预警概念模型框架，如图 1-27 所示。

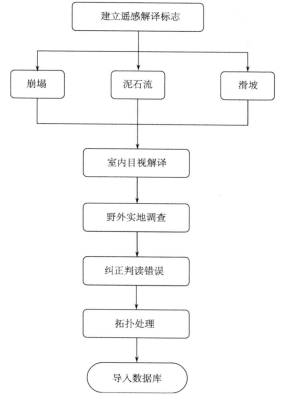

图 1-22 地质灾害点的处理流程

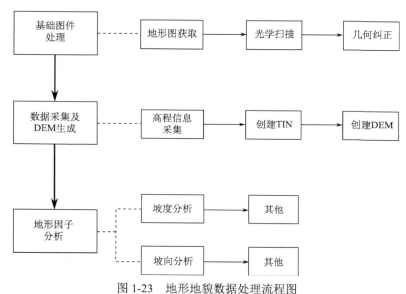

图 1-23 地形地貌数据处理流程图

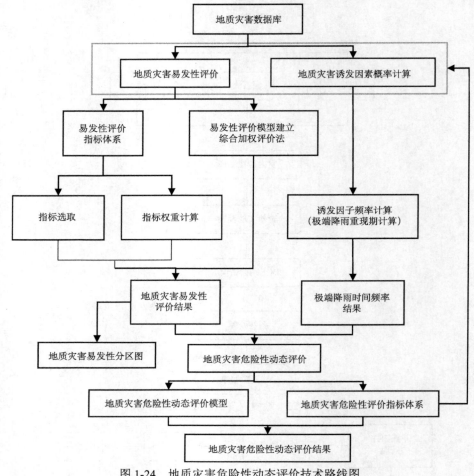

图 1-24　地质灾害危险性动态评价技术路线图

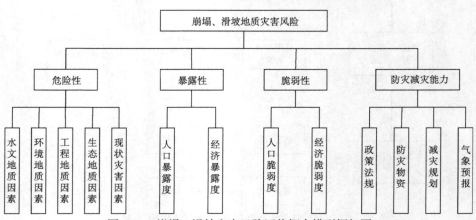

图 1-25　崩塌、滑坡灾害风险评价概念模型框架图

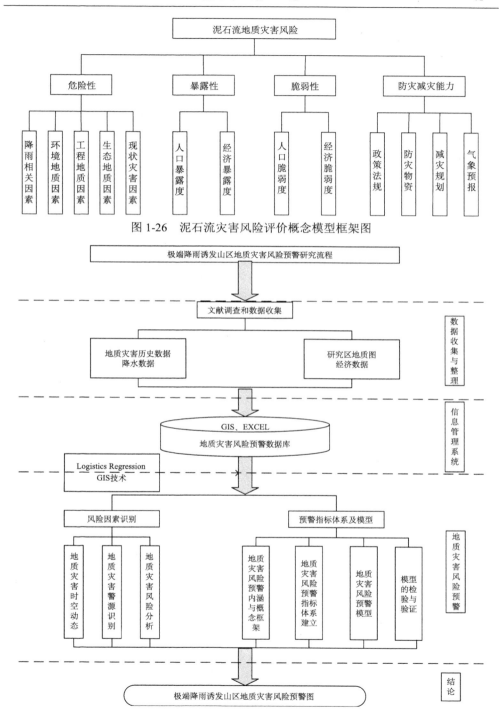

图 1-26 泥石流灾害风险评价概念模型框架图

图 1-27 地质灾害预警概念模型框架图

1.5　研究创新点

（1）利用"3S"技术、信息技术、野外观测和室内模拟研究等数据获取方法，收集、整理和规范吉林省东南部山区地质灾害典型案例资料，筛选具有代表性的典型案例进行建库和研究；收集整理包括地质灾害可能受影响的当地经济、社会和生态承灾体以及造成的损失和研究区域内多年主要气象要素资料、野外观测数据、野外调查数据以及数字高程数据（DEM）、土地利用等空间数据，建立极端降雨诱发山区地质灾害综合数据库，为研究山区地质灾害的危险性和承灾体的防灾减灾规划提供全面的信息支持。

（2）在原有地质灾害易发性的静态研究，以及利用随机森林回归算法和分位数断点分级法进行原有的地质灾害易发性研究基础上，结合地质灾害发生的空间概率和时间概率，利用极端降雨事件的频率，建立地质灾害危险性动态评价模型，进行不同时间尺度的地质灾害危险性动态评价，提高地质灾害危险性评价的精确度，扩展其在时间尺度上的研究。同时本项目的地质灾害风险评价与区划主要基于自然灾害风险形成四要素理论，基于灾害的危险性、暴露性、脆弱性和防灾减灾能力来建立各灾种风险评价的评价指标体系，并构建地质灾害风险评价模型，最后得出地质灾害总风险区划。综合考虑研究区域内的地质环境、生态环境、社会经济条件以及灾害防治政策等各类要素，与以往的二因子评价方法相比，更加全面地评估研究区内部的地质灾害可能发生的概率与影响，对保障人民群众的生命和财产安全提供更加切实的保障。

（3）根据可拓学、最优组合赋权理论与逻辑回归算法，选取极端降雨诱发地质灾害预警指标并构建预警模型，包括内生警兆和外生警兆两部分，算出地质灾害风险预警指数，进行地质灾害风险预警区划。本项目预警预报系统是基于风险评价的基础上而非以往的危险性评价上，系统具备不同时间尺度上的预警预报评价区划，打破了以往单一的预警模式，提高了预报预警的精确度。

（4）基于全过程和地质灾害风险形成理论的风险管理的途径和对策，不仅提出区域地质灾害防治分区，也设立重大地质灾害隐患点的巡查和监测，从多尺度来完善地质灾害防灾减灾规划，提出地质灾害的风险管理的对策和实施途径，最后建立极端降雨诱发山区地质灾害风险动态评估系统。本系统采用 C#作为编程语言，借助于 ArcGIS 软件平台和面向对象编程的优势。数据库方面采用关系型数据库和空间数据引擎相结合来进行属性数据和空间数据的高效存储。系统采用主流的地理信息系统组件开发软件进行开发。在数据分析方面，系统借助强大的数据分析优势，通过在编程中定制好相关的分析功能，构建动态链接库，在平台中实现调用。

参 考 文 献

毕华兴, 中北理, 阿部和时. 2004. GIS 支持下的滑坡空间预测与危险等级划分. 自然灾害学报, 13(3): 5

陈亮, 孟高头, 张文杰, 等. 2003. 信息量模型在县市地质灾害调查与区划中的应用研究——以浙江省仙居县为例. 水文地质工程地质, 30(5): 49-52.

陈平, 丛威青. 2006. GIS 支持下的湖南省地质灾害气象预警系统建设探讨. 成都理工大学学报(自然科学版), 33(5): 532-535.

陈正洪, 李兰, 刘敏, 等. 2009. 湖北省 2008 年 7 月 20—23 日暴雨洪涝特征及灾害影响. 暴雨灾害, 28(4): 345-348.

陈植华, 关学峰, 胡成. 2003. 基于 WebGIS 的环境地质灾害网络数据库系统. 水文地质工程地质, 30(2): 20-24.

程凤君, 王洁玉, 张以晨. 2009. 吉林省通化市地质灾害气象预报预警方法介绍. 吉林地质, 28(3): 74-76.

褚洪斌, 母海东, 王金哲. 2003. 层次分析法在太行山区地质灾害危险性分区中的应用. 中国地质灾害与防治学报, 14(3): 125-129.

丛威青, 潘懋, 李铁锋, 等. 2006. 基于 GIS 的滑坡、泥石流灾害危险性区划关键问题研究. 地学前缘, 13(1): 187-192.

戴福初, 李军. 2000. 地理信息系统在滑坡灾害研究中的应用. 地质科技情报, 19(1): 91-96.

单九生, 刘修奋, 魏丽, 等. 2004. 诱发江西滑坡的降水特征分析. 气象, (1): 13-15.

杜榕桓. 1991. 长江三峡工程库区滑坡与泥石流研究. 成都: 四川科学技术出版社.

方丹, 胡卓玮, 王志恒. 2012. 基于 GIS 的北川县地震次生滑坡灾害空间预测. 山地学报, 30(2): 230-238.

冯秀丽, 戚洪帅, 王腾, 等. 2004. 黄河三角洲埕岛海域地貌演化及其地质灾害分析. 岩土力学, 25(z1): 17-20.

傅朝义, 张鑫林, 李再凯, 等. 2006. 广东省地质灾害预警信息系统流程设计. 中国地质灾害与防治学报, (01): 51-55.

高华喜, 殷坤龙. 2011. 基于 GIS 的滑坡灾害风险空间预测. 自然灾害学报, (1): 31-36.

高振记, 邬伦, 赵兴征. 2014. 基于 GIS 的深圳市滑坡危险性区划研究. 灾害学, 1(1): 67-74.

郭芳芳, 杨农, 张岳桥, 等. 2008. 基于 GIS 的滑坡地质灾害地貌因素分析. 地质力学学报, 14(1): 87-96.

胡德勇, 李京, 陈云浩, 等. 2007. GIS 支持下滑坡灾害空间预测方法研究. 遥感学报, 11(6): 852-859.

黄健, 巨能攀, 何朝阳, 等. 2012. 基于 WebGIS 的汶川地震次生地质灾害信息管理系统. 山地学报, (3): 355-360.

黄支余, 雷良蓉, 周健. 2006. 三峡库区公路建设中地质灾害与地质构造的关系. 重庆交通学院学报, 25(z1): 96-98.

姬怡微. 2013. 降雨诱发地质灾害预警预报研究. 西安: 长安大学.

李大鸣, 吕会娇. 2011. 山区暴雨泥石流预报数学模型的研究. 中国农村水利水电, (6): 24-28.

李观德. 1998. 昭通地区滑坡泥石流预警系统及其减灾效益分析. 灾害学, (1): 50-52.

李权, 曾涛, 覃虎, 等. 2015. 基于多元逻辑回归的兰坪县崩塌滑坡敏感性评价. 测绘与空间地理信息, (12): 36-39.

李铁锋, 丛威青. 2006. 基于 Logistic 回归及前期有效雨量的降雨诱发型滑坡预测方法. 中国地质灾害与防治学报, 17(1): 33-35.

李小根, 王安明. 2015. 基于 GIS 的滑坡地质灾害预警预测系统研究. 郑州大学学报(工学版), 36(1): 114-118.

李晓. 1995. 重庆地区的强降雨过程与地质灾害的相关分析. 中国地质灾害与防治学报, (3): 39-42.

李媛. 2005. 四川雅安市雨城区降雨诱发滑坡临界值初步研究. 水文地质工程地质, 32(1): 26-29.

李宗亮, 马仁基, 倪化勇, 等. 2010. 四川泸定地区岩土体类型与地质灾害. 沉积与特提斯地质, 30(1): 103-108.

梁国玲, 张永波, 张礼中, 等. 2000. 地质灾害区划评价的空间分析模型研究. 地质论评, (S1): 71-75.

廖婧, 潘以恒, 吴丽清, 等. 2016. 基于 MapGIS 组件式开发的河南省滑坡监测预警系统设计与实现. 安全与环境工程, 23(5): 126-132.

林孝松, 郭跃. 2001. 滑坡与降雨的耦合关系研究. 灾害学, 16(2): 87-92.

刘传正, 李云贵, 温铭生, 等. 2004. 四川雅安地质灾害时空预警试验区初步研究. 水文地质工程地质, 31(4): 20-30.

刘传正, 刘艳辉. 2007. 地质灾害区域预警原理与显式预警系统设计研究. 水文地质工程地质, 34(6): 109-115, 125.

刘传正. 2004. 中国地质灾害气象预警方法与应用. 岩土工程界, 7(7): 17-18.

刘会平, 潘安定, 王艳丽, 等. 2004. 广东省的地质灾害与防治对策. 自然灾害学报, (2): 101-105.

刘奇. 2012. 基于 WebGIS 的广元市地质环境数据库系统的设计与实现. 成都: 成都理工大学.

刘希林, 余承君, 尚志海. 2011. 中国泥石流滑坡灾害风险制图与空间格局研究. 应用基础与工程科学学报, 19(5): 721-731.

刘显臣, 赵清华, 王洁玉. 2004. 吉林省敦化市泥石流地质灾害发育规律与防治对策. 吉林地质, 23(4): 28-33.

鲁光银, 韩旭里, 朱自强, 等. 2005. 地质灾害综合评估与区划模型. 中南大学学报(自然科学版), (05): 163-167.

彭轲, 王宁涛, 谭建明, 等. 2010. 地质灾害气象预警区划方法研究——以湖北省巴东县为例. 地质灾害与环境保护, 21(4): 82-87.

乔建平, 张小刚, 林立相. 1994. 长江上游滑坡危险度区划. 水土保持学报, 8(1): 39-44.

乔建平. 1991. 不稳定斜坡危险度的判别. 山地学报, 9(2): 117-122.

乔建平. 1995. 滑坡危险度区划方法研究. 资源与人居环境, (Z05): 35-45.

宋光齐, 李云贵, 钟沛林. 2004. 地质灾害气象预报预警方法探讨——以四川省地质灾害气象预报预警为例. 水文地质工程地质, 31(2): 33-36.

苏欢, 易武, 孟召平, 等. 2006. 基于 Mapgis 的滑坡时间预测预报系统设计. 地下空间与工程学报, 2(b8): 1432-1435.

孙秀菲, 刘永贵, 李忠水, 等. 2008. 吉林省江源县地质灾害发育特征及防治对策. 地质灾害与环境保护, 19(4): 21-24.

孙志华, 侯恩兵, 陈韬, 等. 2016. 基于 GIS 的地质灾害信息管理监控系统及其应用. 地理空间信息, 14(7): 42-44.

谭炳炎. 1994. 山区铁路沿线暴雨泥石流预报的研究. 中国铁道科学, (4): 67-78.

谭立霞. 2008. GIS 支持下基于支持向量机的滑坡灾害危险性评价研究——以莆田市仙游县为例. 长沙: 中南大学.

滕继奎. 1997. 吉林省地质灾害类型及防治对策探讨. 吉林地质, (2): 63-65.

王川, 刘勇, 张宏. 2003. 陕西省地质灾害预报预警研究. 陕西气象, (6): 10-12.

王慧. 2015. 山地环境地质灾害易发性县级区划研究——以重庆城口县为例. 工程地质学报, 25(s1): 578-583.

王佳佳, 殷坤龙. 2014. 基于 WEBGIS 和四库一体技术的三峡库区滑坡灾害预测预报系统研究. 岩石力学与工程学报, 33(5): 1004-1013.

王立春. 2001. 浅谈吉林省地质灾害现状. 吉林地质, 20(2): 42-46.

王卫东, 刘超, 李大辉, 等. 2015. 基于 GIS 的公路边坡危险性分析与预警系统研究. 华中师范大学学报(自科版), 49(3): 452-459.

王喜娜, 黄华兵, 班亚, 等. 2015. GIS 辅助下滑坡灾害危险性区划图的绘制——以四川省攀枝花市为例. 测绘通报, (2): 46-50.

王晓明, 刘海峰, 石大明, 等. 2005. 吉林省东南部山区地质灾害与降水关系分析及气象等级预报. 吉林气象, (1): 2-5.

王雁林, 郝俊卿, 赵法锁, 等. 2011. 汶川地震陕西重灾区地质灾害风险区划探讨. 灾害学, 26(4): 35-39.

王哲, 易发成. 2006. 我国地质灾害区划及其研究现状. 中国矿业, 15(10): 47-50.

吴树仁, 金逸民, 石菊松, 等. 2004. 滑坡预警判据初步研究——以三峡库区为例. 吉林大学学报(地球科学版), (4): 596-600.

吴跃东, 向钒, 马玲. 2008. 安徽省地质灾害气象预警预报研究. 灾害学, 23(4): 25-29, 35.

武雪玲, 沈少青, 牛瑞卿. 2016. GIS 支持下应用 PSO-SVM 模型预测滑坡易发性. 武汉大学学报(信息科学版), 41(5): 665-671.

向喜琼, 黄润秋. 2000. 基于 GIS 的人工神经网络模型在地质灾害危险性区划中的应用. 中国地质灾害与防治学报, 11(3): 23-27.

肖伟, 黄丹, 黎华, 等. 2005. 地质灾害气象预报预警方法研究. 地质与资源, (4): 274-278.

谢剑明, 刘礼领, 殷坤龙, 等. 2003. 浙江省滑坡灾害预警预报的降雨阀值研究. 地质科技情报, 22(4): 101-105.

谢守益, 张年学, 许兵. 1995. 长江三峡库区典型滑坡降雨诱发的概率分析. 工程地质学报, (2): 60-69.

许波, 谢谟文, 胡嫚. 2016. 基于 GIS 空间数据的滑坡 SPH 粒子模型研究. 岩土力学, 37(9): 2696-2705.

许强, 黄润秋, 李秀珍. 2004. 滑坡时间预测预报研究进展. 地球科学进展, 19(3): 478-483.

许清涛. 2004. 和龙市地质灾害分区与评价. 长春: 吉林大学.

阳岳龙, 周群, 林剑. 2007. 湖南主要地质灾害与地形地貌之关系. 灾害学, 22(3): 36-40.

杨纬卿. 2010. 基于 GIS 的滑坡预测预报系统应用研究. 武汉: 中国地质大学(武汉).

殷坤龙, 晏同珍. 1987. 汉江河谷旬阳段区域滑坡规律及斜坡不稳定性预测. 地球科学, (6): 67-74.

俞莉. 2012. 基于 GIS 的滑坡灾害危险性区划研究. 兰州: 兰州大学.

张春山, 张业成, 马寅生. 2003. 黄河上游地区崩塌、滑坡、泥石流地质灾害区域危险性评价. 地质力学学报, 9(2): 143-153.

张光政. 2016. 泸水县滑坡崩塌灾害特征分析与易发性区划研究. 昆明: 昆明理工大学.

张桂荣, 殷坤龙, 刘礼领, 等. 2005. 基于 WebGIS 和实时降雨信息的区域地质灾害预警预报系统. 岩土力学, (08): 1312-1317.

张桂荣, 殷坤龙. 2005. 基于 WebGIS 的地质灾害信息系统网络数据库建设. 中国地质灾害与防治学报, 16(3): 114-118.

张丽, 李广杰, 周志广, 等. 2009. 基于灰色聚类的区域地质灾害危险性分区评价. 自然灾害学报, 18(1): 164-168.

张拴厚, 王学平, 林平选, 等. 2008. 陕西龙门山地震带地质灾害的地质构造约束. 陕西地质, 26(2): 44-54.

赵海卿, 李广杰, 张哲寰. 2004. 吉林省东部山区地质灾害危害性评价. 吉林大学学报(地球科学版), 34(1): 119-124.

郑苗苗, 牛树轩, 郑泓. 2016. 基于 GIS 的延河流域滑坡崩塌地质灾害空间分布及其引发因素分析. 水土保持通报, 36(2): 156-160.

周国兵, 马力, 廖代强. 2003. 重庆市山体滑坡气象条件等级预报业务系统. 应用气象学报, (1): 122-124.

周平根, 毛继国, 侯圣山, 等. 2007. 基于 WebGIS 的地质灾害预警预报信息系统的设计与实现. 地学前缘, 14(6): 40-44.

朱照宇, 周厚云, 黄宁生, 等. 2001. 广东沿海陆地地质灾害区划. 地球学报, 22(5): 453-458.

Anbalagan R, Kumar R, Lakshmanan K, et al. 2015. Landslide hazard zonation mapping using frequency ratio and fuzzy logic approach, a case study of Lachung Valley, Sikkim. Geoenvironmental Disasters, 2(1): 1-17.

Arnous M O. 2011. Integrated remote sensing and GIS techniques for landslide hazard zonation: a case study Wadi Watier area, South Sinai, Egypt. Journal of Coastal Conservation, 15(4): 477-497.

Brand E W, Premchitt J, Phillipson H B. 1984. Relationship between rainfall and landslides in Hong Kong.

Chowdhury R N, Flentje P, Hayne M, et al. 2002. Strategies for quantitative landslide hazard assessment. Thomas Telford.

Dai F C, Lee C F. 2002. Landslide characteristics and slope instability modeling using GIS, Lantau Island, Hong Kong. Geomorphology, 42(3-4): 213-228.

Fell R, Corominas J, Bonnard C, et al. 2007. Guidelines for landslide susceptibility, hazard and risk zoning for land use planning. Engineering Geology, 102(3): 85-98.

Glade T, Anderson M, Crozier M J. 2005. Landslide Hazard and Risk. New York: Wiley.

Glade T, Crozier M, Smith P. 2000. Applying probability determination to refine landslide-triggering rainfall thresholds using an empirical "antecedent daily rainfall model". Pure & Applied Geophysics, 157(6-8): 1059-1079.

Glade T. 2000. Modelling Landslide Triggering Rainfall Thresholds at a Range of Complexities.

Glade T. 2000. Modelling landslide-trigering rainfalls in different regions of New Zealand - the soil water status model. Zeitschrift für Geomorphologie, 122: 63-84.

Günther A, Carstensen A, Pohl W. 2002. Slope Stability Management using GIS// Instability - Planning and Management.

Gupta P, Anbalagan R, Bist D S. 1993. Landslide hazard zonation mapping around Shivpuri, Garhwal Himalayas. U. P. J Himal Geol, 4(1): 95-102.

Gupta P, Anbalagan R. 1997. Slope stability of Tehri Dam Reservoir Area, India, using landslide hazard zonation (LHZ) mapping. Quarterly Journal of Engineering Geology & Hydrogeology, 30(1): 27-36.

Lee S, Min K. 2001. Statistical analysis of landslide susceptibility at Yongin, Korea. Environmental Geology, 40(9): 1095-1113.

Mejia-Navarro M, Wohl E E. 1994. Geological hazard and risk evaluation using GIS: methodology and model applied to Medellin, Colombia. Environmental & Engineering Geoscience, 31(4): 459-481.

Pandey A, Dabral P P, Chowdary V M, et al. 2008. Landslide hazard zonation using remote sensing and GIS: a case study of Dikrong river basin, Arunachal Pradesh, India. Environmental Geology, 54(7): 1517-1529.

Raghuvanshi T K, Negassa L, Kala P M. 2015. GIS based Grid overlay method versus modeling approach - A comparative study for landslide hazard zonation (LHZ) in Meta Robi District of West Showa Zone in Ethiopia. Egyptian Journal of Remote Sensing & Space Sciences, 18(2): 235-250.

Ragozin A L, Tikhvinsky I O. 2000. Landslide hazard, vulnerability and risk assessment. International Sysmposium on Landslides.

Sharma M, Kumar R. 2008. GIS-based landslide hazard zonation: a case study from the Parwanoo area, Lesser and Outer Himalaya, H. P. , India. Bulletin of Engineering Geology & the Environment, 67(1): 129-137.

Vahidnia M H, Alesheikh A A, Alimohammadi A, et al. 2009. Landslide hazard zonation using quantitative methods in GIS. International Journal of Civil Engineering, 7(3): 176-189.

Westen C J V, Rengers N, Terlien M T J, et al. 1997. Prediction of the occurrence of slope instability phenomenal through GIS-based hazard zonation. Geologische Rundschau, 86(2): 404-414.

Yazdadi E A, Ghanavati E. 2017. Landslide hazard zonation by using AHP (analytical hierarchy process)model in GIS (geographic information system) environment(Case Study: Kordan Watershed).

第2章　极端降雨诱发地质灾害时空分布特征研究

2.1　研究区概况与数据来源

2.1.1　地理位置

吉林省（图 2-1）位于我国东北地区中部，北邻黑龙江省，西与内蒙古自治区相连，西南接辽宁省，东部与俄罗斯接壤，东南隔图们江、鸭绿江与朝鲜相望。东西最长约 750km，南北最宽约 600km，面积 18.74 万 km^2，约占全国国土面积的 2%，地理坐标为东经 121°38′～131°19′，北纬 40°52′～46°18′。

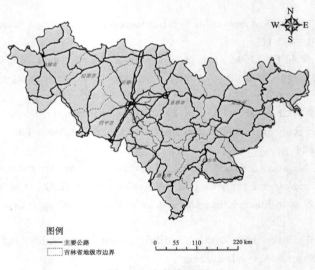

图 2-1　吉林省地图

吉林省处在东北三省及内蒙古自治区东部四盟的交通枢纽地带，交通显得尤为重要。由铁路、公路、内河航运和空中航运组成立体交通网络，交通便利、方便快捷。铁路以长春为中心，以吉林、四平、梅河口等为主要枢纽，以京哈、长图、长白、平齐、沈吉、四梅、梅集等线路为干线，形成连接全省市州及广大城乡的铁路网；公路建设突飞猛进，有长春至四平、长春至营城子、长春至哈尔滨、长春至珲春以及长春绕城等高速公路，还有数以百计的国、省、县、乡道构成的全省公路交通网络；内河航运航道主要集中在松花江、嫩江、鸭绿江、图们江四条大河上。一般 4 月中旬至 11 月下旬为通航期，航空以长春龙嘉国际机场为中心，以延吉、松江河为补充，可直达北京、上海、海口、昆明、中国香港、深圳和日本、韩国等地。

2.1.2　气象与水文特征

吉林省位于亚洲大陆东部边缘，为温带大陆性季风气候，自东南向西北由湿润、半湿润到半干旱气候呈规律性变化。全省年平均气温 2～6℃，东部山区 0℃，西部平原 5～6℃，全省 1 月平均气温为–20～–18℃，极端最低气温–40℃左右，最热的 7 月平均气温为 20～24℃。全年日照数 2000～2300 h，日照率为 50%～70%，春季较高。结冻期长达 6 个月，冻结深度 1.7～2.0m。全省年平均蒸发量为 1033～1897 mm，中、西部地区大于东部地区，通榆蒸发量最大，为 1897mm，临江蒸发量最小，为 1033mm。

全省降水量分布与地势的关系较为密切，大致自东南向西北递减。全省年降水量为 300～1400mm。地域分布特征是山区多平原少，盆地介于两者之间。山区年降水日数 100～130 天，西部平原年降水日数 70～90 天。季节分布特征是夏季多而冬季少，5 月为上升期，6～8 月为集中期，9 月为下降期。春季仅占全年降水量的 16%左右，夏季降水丰沛且集中，占全年 60%以上，但也表现出地理位置差异特征，中部高平原和延边中低山区降水量为 600mm 以下，低平原区 400mm 以下，东南中低山区 700～800mm 以上，天池达 1300mm，秋季及冬季降水较少，分别占 18%和 3%左右。全省降水强度分布的总趋势是夏季大于其他季节，东南部大于西北部，连续或高强度、超高强度降水常导致崩塌、滑坡、泥石流等地质灾害的发生（王晓明等，2005）。

吉林省地表水由河流、泡塘和湖泊、水库构成，全省有名称的河流 2093 条，河网密度 0.19km/km^2，其中 100km 以上的 38 条，5km^2 以上泡塘 34 个，大、中、小型水库 1312 座，总库容 296.2 亿 m^3，其中大型水库 13 座。河流分属松花江、辽河、图们江、鸭绿江、绥芬河五大水系。受地形影响，水系分布不均，东南部中低山区河网稠密，以长白群峰为中心，松花江、图们江、鸭绿江呈放射状流向东、北、西三个方向，坡降大，水清含沙量小，水流急；中部低山丘陵区，河床宽展，水流平稳；西部平原区河流多发源于大兴安岭，由于地势平缓，河流量小，含沙量大，水质混浊。

2.1.3　社会经济发展概况

吉林省具有优越的地理位置和特有的自然资源，为经济的发展提供了有利的条件。经过 50 多年的建设，吉林省原来落后的工农业都有了较大的发展，现在农业优势突出，加工制造业比较发达，科技教育实力雄厚，旅游业独具特色。

2011 年，全省实现地区 GDP 突破 1 万亿元，规模以上工业企业利润突破 1000

亿元，实现了历史性突破。固定资产投资实现了30%的高增长速度。投资结构更加合理，改建和技改、现代服务业和战略性新兴产业投资分别增长42.5%、137.9%和42%，高耗能行业投资下降8.2%。全省实施3000万元以上项目达到3695个，谋划储备亿元以上重大项目800个以上，明显提升了发展后劲，发展内生动力得到进一步增强。2011年全省粮食产量突破600亿斤，总产量达到634.2亿斤，占全国的13.3%，再次创出历史新高。

吉林省自然资源较为丰富。长白山脉连绵千里，素有"长白林海"之称。吉林市东部山区素有"林海"之称。全省林业用地面积 9.83×10^4 km^2，占全省土地面积的52.03%，列全国第 12 位；其中林地面积 788×10^4 km^2，占林业用地面积的80.19%，列全国第 8 位。全省活立木总蓄积量为 8.18 亿 m^3，列全国第 6 位；林木年均生长量 2324.36 万 m^3，生产率 2.88%；森林覆盖率为 42.1%。矿产资源丰富，发现的矿藏 136 种，已探明有储量的矿产 78 种，有 22 种矿产保有储量居全国前五位。石油、天然气、煤炭的储量也很丰富。吉林省山地资源丰富，尤以长白山区野生动植物资源为最。吉林省是闻名中外的"东北三宝"——人参、貂皮、鹿茸的故乡。灵芝、天麻、不老草、北芪及松茸、猴头茹、林蛙油等都在国内外很有影响。

2.1.4 地质环境概况

1. 地形地貌

吉林省地势总趋势为东南高西北低，以北东—南西向纵贯全省的大黑山脉为界，分为东部长白山区和西部松辽平原区两大区域，分属新华夏系隆起带和沉降带，面积分别占全省的 60% 和 40%（王晓明等，2005）。长白山主峰海拔 2691m，是省内最高点，也是东北地区最高峰，其附近诸峰也多在海拔 2000m 以上。松辽平原海拔 120m 以下，最低点珲春防川图们江入日本海处海拔 4m，省内地表结构相对高差为 2600 多 m。

吉林省山区和平原区在地貌成因类型、形态特征上又受各种构造体系的控制及各种外营力的改造。按地貌成因类型划分为侵蚀火山地貌、侵蚀构造地貌、构造剥蚀地貌、剥蚀堆积地貌和堆积地貌。按地貌形态类型划分为台原台地、中低山、低山丘陵、山前倾斜平原、高平原和低平原六种，共 27 个地貌单元（图 2-2）。在开展县（市）地质灾害调查的区域内主要有侵蚀火山地貌、侵蚀构造地貌、构造剥蚀地貌、剥蚀堆积地貌四种地貌类型。

1）侵蚀火山地貌

（1）长白山玄武岩台原。分布在吉林省东南部长白、抚松、安图等县境内。面积为 8940.21km^2，占全省总面积的 4.77%。长白山主峰白云峰即位于其中，海拔高程达 2691m，是我国东北地区最高峰。台原上的高山火山口湖—天池四周由

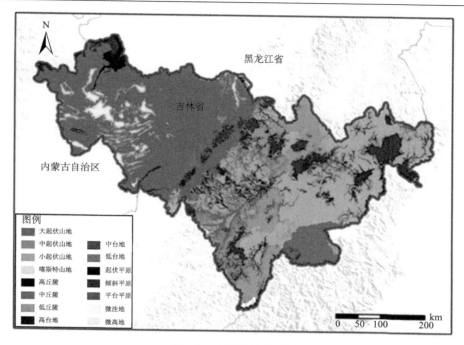

图 2-2   吉林省地貌略图

16 座海拔超过 2500m 的山峰构成大流域的分水岭，东北地区主要水系呈放射状发源于此。主要由早更新世军舰山玄武岩组成开阔平坦的台原面，由火山锥向四周倾斜，海拔 700～1900m。南部和西北部台原边缘侵蚀切割强烈，呈中山峡谷地形，相对高差 300～500m。

（2）敦化玄武岩台原台地。分布在敦化境内，呈条带状北东向展布。面积为 3478.67km²，占全省总面积的 1.87%。由三期玄武岩喷发分别形成三个阶梯状台原台地，即由船底山玄武岩形成的海拔 600～1300m 的中低山台原，由军舰山玄武岩形成的海拔 600～800m 的低山台原，由南坪玄武岩形成的海拔 500m 左右的丘陵台地、谷地。侵蚀切割由深变浅，相对高差分别为 300～500m、100～300m 及小于 100m。牡丹江河谷由西南流向东北，切穿了各期玄武岩，由于强烈侵蚀，河谷多呈槽型，在低台地上有沼泽地分布。

（3）靖宇玄武岩台地。分布在靖宇、辉南县境内，呈北东向展布。面积为 1882.97km²，占全省总面积的 1.0%。由多期玄武岩和火山熔渣组成阶梯状地形，海拔 500～800m，相对高差 100～200m。台面呈丘陵状起伏，其上形成 160 多座火山锥，其中 8 个火山口积水成龙湾湖。在台地上的河谷多呈槽型，在低洼台地面上有沼泽湿地发育。

2）侵蚀构造地貌

（1）通化老岭-龙岗山中山低山。位于南部通化、白山地区。分布面积 29070.08km²，占全省总面积的 15.52%。主要由变质岩、碳酸盐岩和花岗岩组成。老岭山、南岗山海拔 1000～1600m，龙岗山海拔 600～1300m，相对高差 200～700m。山高谷深，侵蚀切割强烈。鸭绿江、浑江发育有五、六级基座阶地。在碳酸盐岩分布区，岩溶地貌发育，有大型溶洞、溶井、落水洞、地下暗河等。在花山乡珍珠门峡谷中有溶蚀柱等奇特的岩溶地貌。

（2）延边哈尔巴岭-老爷岭中山低山。位于东部延边地区，分布面积为 21857.76km²，占全省总面积的 11.66%。主要由花岗岩、浅变质岩及中酸性火山岩组成。哈尔巴岭、老爷岭主干山脊海拔 1000～1500m，其他均为 500～1000m，相对高差 200～500m。图们江分布五、六级阶地。

（3）吉林张广才岭中山低山。位于吉林地区，分布面积为 17902.62km²，占全省总面积的 9.55%。主要由花岗岩、浅变质岩、中酸性熔岩及碳酸盐岩组成。山体走向为北东，山脊海拔 1000～1600m 和 500～1000m，相对高差 200～500m，第二松花江河谷分布四、五级阶地，河谷多呈"V"型。

3）构造剥蚀地貌

按地貌形态特征分为低山丘陵和山间盆谷地，现叙述如下：

（1）低山丘陵。

辽源哈达岭-大黑山低山丘陵：位于辽源地区和四平、长春东南部。分布面积为 17427.81km²，占全省总面积的 9.30%。由大面积花岗岩、局部浅变质岩和碳酸盐岩组成。山脊海拔 400～600m，高差 100～200m。山顶平缓，风化壳发育。沟谷宽阔，并堆积第四系松散岩层。在丘陵洼地有沼泽湿地分布，尤其是老爷岭西北山前丘陵洼地中沼泽湿地发育。

大兴安岭东坡丘陵：位于洮南西北部，分布面积为 1963.13km²，占全省总面积的 1.05%。主要由花岗岩、中酸性火山岩组成。山顶海拔 300～500m，高差 50～100m。丘顶浑圆，沟谷宽浅，风化壳和松散堆积层发育。

（2）山间盆地。

主要指由中生界侏罗系、白垩系碎屑岩组成的山间盆地。分布面积 8828.3km²，占全省总面积的 4.71%。分布在通化长白山区的松江、抚松等山间盆地，侏罗系、白垩系碎屑岩已明显隆起遭受较强烈的侵蚀切割，形成低山丘陵，海拔 500～700m，高差 100～200m。分布在延边老爷岭山区的延吉、罗子沟等山间盆地，周边明显隆起，遭受侵蚀切割，形成丘陵台地，海拔 200～500m，高差 50～100m。吉中张广才岭和哈达岭山区的蛟河、柳、海、辉、桦等山间盆地，周边也已侵蚀切割形成丘陵台地，海拔 200～400m，高差 50～100m。各盆地内均有河流穿过。

4）剥蚀堆积地貌

（1）山间盆地。

主要指由新生界第三系碎屑岩组成的山间盆地。分布面积为 4713.96km², 占全省总面积的 2.52%。延边山地第三系盆地较发育, 主要有珲春、杜荒子、敬信等盆地。吉中山地第三系盆地主要有伊舒槽型盆地, 梅河、桦甸盆地等, 由下第三系碎屑岩组成。伊舒槽型盆地面积达 3350km², 海拔 200～300m, 高差 20～80m。其上覆盖松散岩层, 只在松花江以东地区第三系碎屑岩局部出露。

（2）山间谷地。

主要分布在吉中低山丘陵区, 呈北东向延伸, 分布面积为 282.02km², 占全省总面积的 0.15%。由南向北径流的东辽河、伊通河、饮马河、松花江、拉林河等各河横贯伊舒槽型盆地, 堆积 10～50m 厚的第四系松散层。辉发河沿柳、海、辉、桦盆地径流发育, 形成冲积谷地, 发育三、四级阶地, 堆积 10～30m 厚第四系松散层。

通化、延边中低山区, 树枝状沟谷虽很发育, 但多为侵蚀谷, 谷底堆积物薄, 只在大河流穿过中、新生代盆地时才形成第四系河谷堆积层。如牡丹江、海兰河、布尔哈通河、珲春河、绥芬河等穿过敦化盆地、延吉盆地、罗子沟盆地、敬信盆地时, 其上又套叠发育了第四系河谷。

（3）中部高平原。

分布在四平、长春地区。由台地和河谷两类地貌单元组成。台地按形态和结构又分为砂砾类土浅丘状高台地、黏性土波状台地、粉质黏土波状台地。

（4）西部山前倾斜平原。

分布于白城西部大兴安岭山前地带, 地形由西向东倾斜降低, 由砂砾类土台地和冲积扇形地组成。

砂砾类土台地: 位于平台以北, 分布面积 616.78km², 占全省总面积的 0.33%。高出低平原 10～20m, 海拔 160～240m, 由西部山脚向东部低平原倾斜降低, 前缘平坦开阔, 后缘起伏明显, 砂砾类土厚 10～40m, 为古冲积扇隆起呈基座性质的台地。

冲积扇: 由洮儿河冲积形成扇形平原, 分布面积为 2491.49km², 约占全省总面积的 1.33%。海拔 140～200m, 地面平坦开阔, 砂砾类土厚 10～50m, 前缘形成沼泽湿地。

2. 地层岩性

（1）太古界（龙岗群、夹皮沟群）。

下太古界龙岗群和上太古界夹皮沟群在通化地区最为发育。主要由一套深变质的角闪岩、变粒岩、黑云母片麻岩及各种混合岩组成。

（2）下元古界（集安群）。

主要分布于通化地区的集安一带, 为一套深变质的片岩、片麻岩、变粒岩及厚层石墨大理岩等。

（3）中元古界（老岭群、色洛河群）。

分布于通化、抚松、安图等地。为浅变质的海相碎屑-碳酸盐沉积，以浅变质的石英岩、片岩、千枚岩及厚层大理岩为主。

（4）震旦系。

主要分布于长白、样子哨、浑江、安图等盆地。为一套浅海相碎屑岩与碳酸盐岩建造。以砂、页岩为主，上部见有碳酸盐岩盖层。

（5）古生界。

下古生界主要分布于浑江、鸭绿江、柳河、集安、长白等地，吉林、延边地区也有出露。为一套浅海-滨海相碎屑-碳酸盐岩建造，间夹砂页岩。

上古生界省内分布比较零散。石炭系、二叠系为海陆交互相沉积的砂、页岩含煤建造，并以盖层形式分布于样子哨、浑江（白山）、鸭绿江等盆地，而志留系、泥盆系在吉林的中南部伊通、双阳等地零星分布。

（6）中、新生界。

中生界为一套火山岩及陆屑河湖相含煤建造，分布于全省各地。三叠系、侏罗系、白垩系及第三系主要为一套火山碎屑岩、陆湖相砂岩、页岩和凝灰质火山岩等含煤、油、油页岩建造。分布于省内各大小不等的断陷盆地。

新生界主要为一套河湖相及冰水松散堆积层。下更新统冰水砂砾石夹灰白色黏土透镜体，广布于松辽平原中上更新统之下。

中上更新统为冲湖积青灰色厚层状淤泥质黏性土、中细砂和冲洪积褐黄色黄土状粉土粉细砂互层。边缘地带相变为砂砾石，白城扇形地为冲洪积卵砾石。

全新统松散堆积物自山地向平原，由残坡积层→洪积层→冲洪积层→冲湖积层→风积层均有出露。河谷冲积层具二元结构，下部砂砾石，上部为黏性土。西北部低平原区以冲湖积淤泥质亚黏土、亚砂土和风积砂为主。

此外，中、新生界还伴随有基性火山喷发，广泛分布于安图、抚松、靖宇、敦化一带，形成大面积的玄武岩盖层，构成典型的玄武岩台原、台地。

3. 地质构造

1）地质构造分区

吉林省地跨两大地质构造单元，大致以朝阳镇—桦甸—和龙为界，南部为塔里木-中朝准地台区，北部为天山-兴安地槽褶皱区。两区建造存在着明显的差异。详见吉林省构造单元划分表2-1。

吉林省南部地台区：中朝准地台辽东台隆发育有太古界龙岗群和夹皮沟群，下元古界集安群、中元古界老岭群等构成古老的变质岩褶皱基底。其中集安群和老岭群夹有碳酸盐岩建造。上元古界青白口系、震旦系，下古生界寒武系、奥陶系下统，上古生界石炭系上统及二叠系第三套地台盖层，大部分为海相碳酸盐岩建造和碎屑岩建造。中生界上三叠统、侏罗系、白垩系以及第三系碎屑岩和火

表 2-1　吉林省构造单元划分

级别　台槽	I级	亚I级	II级	III级	IV级	上叠盆地
地台	塔里木至中朝准地台区	I 中朝准地台	I_1 辽东台隆	I_1^1 铁岭-靖宇台拱	I_1^{1-1} 李家台断块	A 柳河断凹
					I_1^{1-2} 龙岗断块	
					I_1^{1-3} 样子哨凹褶断束	B 松江断凹
					I_1^{1-4} 色洛河断块	
					I_1^{1-5} 和龙断块	
				I_1^2 太子河-浑江陷褶断束	I_1^{2-1} 清河台穹	
					I_1^{2-2} 太子河凹褶断束	
					I_1^{2-3} 浑江河上游凹褶断束	
					I_1^{2-4} 鸭绿江凹褶断束	
					I_1^{2-5} 老岭断块	
				I_1^3 营口-宽甸抬拱	I_1^{3-1} 长白断块	
地槽	天山至兴安地槽褶皱区	II 内蒙古-大兴安岭褶皱带	II_1 内蒙古优地槽褶皱带	II_1^1 乌兰浩特-哲斯复向斜	II_1^{1-1} 葛根庙-大泡子褶皱束	C 敦化至密山断陷
		III 吉黑褶皱系	III_1 松辽中断陷	III_1^1 西部断阶		
				III_1^2 中央拗陷	III_1^{2-1} 龙虎泡-大安凸起	
					III_1^{2-2} 长垣-长岭拗陷	
					III_1^{2-3} 扶余-双坨子凸起	
				III_1^3 东南隆起	III_1^{3-1} 莺山屯-王府拗陷	
					III_1^{3-2} 青山口-钓鱼台凸起	
					III_1^{3-3} 榆树-梨树拗陷	
					III_1^{3-4} 九台-长春凸起	
				III_1^4 西南隆起	III_1^{4-1} 太平川-双辽凸起	
			III_2 吉林优地槽褶皱带	III_2^1 石岭隆起		D 伊兰-伊通断陷
				III_2^2 吉林复向斜	III_2^{2-1} 双阳-磐石褶皱断束	
					III_2^{2-2} 四楞山-缸窑中间凸起	

山岩等充填在柳河、辉南、三源浦、抚松、松江、和龙、石人、果松、桦甸、露水河、马鞍山村等山间盆地内。区内广泛分布加里东期、华力西期、燕山期岩浆岩，尤以酸性花岗岩类最为发育。特别是喜马拉雅期的白头山和龙岗山火山群基性玄武岩喷溢，形成大面积台原和台地。

辽东台隆包括铁岭-靖宇台拱、太子河-浑江陷褶断束、营口-宽甸台拱三个Ⅲ级构造单元。

铁岭-靖宇台拱进一步分为李家台断块、龙岗断块、样子哨凹褶断束、色洛河断块、和龙断块五个Ⅳ级构造单元。太子河-浑江陷褶断束进一步划分为清河台穹、太子河凹褶断束、浑江上游凹褶断束、鸭绿江凹褶断束和老岭断块五个Ⅳ级构造单元。营口-宽甸子台拱只有长白断块1个Ⅳ级构造单元。

吉林省北部地槽区：包括吉黑褶皱系和内蒙古-大兴安岭褶皱系的小部分。本区发育有上元古界和古生界地槽型火山岩-陆相碎屑岩建造，类复理石建造和碳酸盐岩建造，形成浅变质的褶皱基底。其中寒武系、奥陶系、志留系、泥盆系、石炭系、二叠系碳酸盐岩较发育，主要分布在牡丹江上游、辉发河下游左岸、饮马河上游。中、新生界碎屑岩主要分布在伊舒、蛟河、延吉、罗子沟、敦化、珲春、春化、杜荒子等山间断陷盆地内。区内岩浆岩广泛分布，以华力西晚期和燕山期花岗岩类为主。喜马拉雅期新第三纪和第四纪火山喷发形成了张广才岭玄武岩台地和牡丹江玄武岩谷地。

吉黑褶皱系可进一步划分为延边优地槽褶皱带、吉林优地槽褶皱带、松辽中断陷三个Ⅱ级构造单元。延边优地槽褶皱带包括延边复向斜一个Ⅲ级构造单元、春化-四道沟中间凸起一个Ⅳ级构造单元。吉林优地槽褶皱带可进一步划分为石岭隆起、吉林复向斜、敦化隆起三个Ⅲ级构造单元。其中吉林复向斜又包括双阳-磐石褶皱束、四楞山-缸窑中间凸起、小绥河-呼兰中间凸起、蛟河-桦甸褶皱束四个Ⅳ级构造单元。松辽中断陷可分为西部断阶、中央拗陷、东南隆起、西南隆起四个Ⅲ级构造单元。其中东南隆起包括莺山屯-王府拗陷、青山口-钓鱼台凸起、榆树-梨树拗陷、九台-长春凸起四个Ⅳ级构造单元，中央拗陷包括龙虎泡-大安凸起、古龙-长岭拗陷、扶余-双坨子凸起三个Ⅳ级构造单元。

2）断裂构造

吉林省经历了多次地壳运动，在各个地质发展阶段和各个时期的地壳运动中，均形成了一系列规模不等、性质不同的断裂。省内有超岩石圈断裂1条、岩石圈断裂5条、壳断裂33条。

超岩石圈断裂：位于海龙—桦甸—松江—和龙一线。总体走向为东西向，省内长260km，宽5～20km，它是吉林省南部中朝准地台和北部天山—兴蒙地槽的分界线。沿断裂岩浆活动频繁，在断裂带内及其两侧有自太古代至新生代的碱性、酸性、中性、基性、超基性岩浆侵入，喷出在抚松县白水滩一带早侏罗世中性火山岩被上侏罗统呈角度不整合覆盖。这说明该断裂带早在太古代末就开始形成，并多次活动。

岩石圈断裂：主要有嫩江岩石圈断裂、四平德惠岩石圈断裂、伊通-舒兰岩石圈断裂、辉南-敦化岩石圈断裂、集安-松江岩石圈断裂。

壳断裂：省内壳断裂发育，主要分布在东部山区，有 26 条，西部平原区只有 7 条，其中东西向断裂 8 条，北北东向断裂 9 条，北东向断裂 2 条，北西向断裂 9 条，南北向断裂 5 条，共 33 条。

3）岩浆岩

吉林省前第四纪岩浆活动十分频繁，岩浆岩广泛分布于山地地区，按形成时代可划分成六个构造旋回。

（1）前震旦纪，主要为基性、超基性钾、钠质混合岩和伟晶岩。

（2）加里东期主要为花岗岩侵入。

（3）华力西期为广泛分布的花岗岩。

（4）印支期为花岗岩侵入，分布局限。

（5）华力西期早期以花岗岩为主，次为闪长岩类。而晚期分布局限，主要为闪长岩、闪长斑岩、辉石安山岩和花岗岩等。

（6）燕山期以裂隙式及中心式基性岩浆岩喷发为主，中心式碱性岩浆岩喷发，主要为玄武质火山渣和熔岩流。

4. 水文地质条件

吉林省地下水的形成与分布，严格受地质、地貌等诸因素的制约，在全省范围内地下水按赋存条件，可分为基岩裂隙水、玄武岩类孔洞裂隙水、碎屑岩类孔隙裂隙水、松散岩类孔隙水和碳酸盐岩类裂隙溶洞水。

1）基岩裂隙水

在西部丘陵区，风化网状裂隙发育深度一般 10～20m，沿断裂带其发育深度达 50～80m，地下水主要赋存于网状裂隙中。但在东部中山区、低山区，因地形强烈切割，基岩广泛裸露，风化裂隙发育深度一般小于 10m，沿断裂带，尤其沿深变质岩断裂带风化裂隙发育较深，达 10～40m，地下水主要赋存于构造裂隙中。除区域性裂隙水外，本区因经多次构造运动，断裂广泛发育，地下水沿断裂带聚集，形成具一定供水意义的断裂带脉状裂隙水。根据基岩裂隙性质和地下水赋存特征又分为风化带网状裂隙水、构造裂隙水及断裂带脉状裂隙水三种类型。

2）玄武岩类孔洞裂隙水

广泛分布于长白、抚松、安图、靖宇、辉南、敦化等地，其富水性受玄武岩岩性、厚度、孔洞裂隙发育程度、玄武岩喷发旋迴层、层间古风化层、层间砂砾石层、玄武岩喷发前的古地形和现代地貌特征控制。根据以上特征可分为以下三种类型：

（1）水量丰富的玄武岩类孔洞裂隙水：分布于敦化秋梨沟、翰章、大桥一带，靖宇县的靖宇林场、白江河一带及图们江上游广坪等地的玄武岩及火山熔渣层，气孔发育，且无充填，水平方向连通性好，成岩裂隙发育，柱状节理和水平层状裂隙密集，且多张开，并把气孔与气孔带上、下、左右沟通，有利于地下水的赋存和运移。泉流量大于 10L/s，单井出水量大于 1000m³/d，水化学类型为重碳酸钙镁水，矿化度 0.08～0.25g/L，pH 6.5～7.8。

（2）水量中等的玄武岩类孔洞裂隙水：分布于抚松县东部、长白县大部，安图县南部、靖宇县北部、辉南县小椅子山和凉水河子一带的含水层由早更新世军舰山玄武岩和下伏上新世玄武岩组成，厚 19～83m。由 7 层以上喷发旋迴层组成。该区地下水径流条件好，水质一般较好，水化学类型为重碳酸钙镁或重碳酸镁钙水，水量中等，泉流量 1～10L/s，单井出水量为 100～1000m³/d，矿化度 0.09～0.20g/L，pH7.5～7.8。

（3）水量贫乏的玄武岩类孔洞裂隙水：分布于桦甸、蛟河、敦化市的张广才岭、大黑岭、东二龙山、安图县南部的南岗山，长红岭等中低山区，含水层为上新世船底山玄武岩，厚 60～500m，岩性以致密块状橄榄玄武岩为主，部分柱状节理发育，气孔小且不发育。泉流量小于 1L/s，水化学类型为重碳酸钠钙或重碳酸钙镁水，矿化度 0.08～0.2g/L，pH6.3～7.8。

3）碎屑岩类孔隙裂隙水

主要分布在吉林、延边地区的中新生代盆地。组成盆地的侏罗、白垩纪和第三纪碎屑岩形成平缓向斜构造和断裂构造。这些碎屑岩由老至新成岩由好至差，孔隙性由弱至强。侏罗系成岩较好，以裂隙含水为主；白垩系成岩一般，为孔隙、裂隙含水；第三系成岩较差，以孔隙含水为主。就碎屑岩的成岩程度、含水特征及富水性分述如下：

（1）中生代盆地碎屑岩类孔隙裂隙水：分布于延吉、罗子沟、汪清、和龙、松江、蛟河、双阳、辽源等中生代盆地。由侏罗系、白垩系陆湖相碎屑岩组成。岩性多为砾岩、砂岩、泥岩，一部分夹有多层煤，一部分夹有多层中酸性火山岩及火山碎屑岩，均以孔隙裂隙含水为主。其中侏罗系各组碎屑岩成岩较好，孔隙不发育，以裂隙含水为主，透水性和富水性均较差；白垩系各组碎屑岩，成岩差异较大，由较好至一般，孔隙裂隙含水为主，其中以胶结较差的砂岩层为主要含水层。

（2）新生代碎屑岩类裂隙孔隙水：分布于伊通-舒兰、黑石-镜泊、桦甸、白家堡、珲春、凉水、春化等盆地。盆地内为陆湖相碎屑岩堆积。成岩差，胶结微弱，孔隙发育，以孔隙含水为主。因各盆地沉积环境不同，地层岩性组合特征具明显差别，其富水性也显著不同。

4）松散岩类孔隙水

分布于山间河谷和盆地中，从东南向西北，由河谷上游到下游，由中山、低山、丘陵，中生代盆地至新生代盆地的各河谷段，河谷由窄变宽，分布面积由小变大，含水层厚度由薄变厚，颗粒由粗变细，富水性由贫变富。垂直河谷，离河床由远而近，由波状台地、一级阶地、河漫滩至河床含水层厚度由薄变厚，富水性由小变大。

5）碳酸盐岩类裂隙溶洞水

主要分布在磐石、桦甸、双阳一带，在安图、延吉、汪清等地也有零星分布。根据碳酸盐岩含量划分为纯层型、互层型或夹层型两种类型。纯层型主要分布在通化、吉林、延边地区，碳酸盐岩厚度大，质地纯，分布连续广泛，岩溶发育程度强，常形成溶洞、暗河等。互层或夹层型主要分布在三源浦-样子哨向斜、浑江复向斜、湾沟向斜中，岩性为薄层-中厚层状灰岩、泥质条带灰岩与砂岩、页岩互层。互层或夹层型碳酸盐岩，或层理发育的碳酸盐岩，岩溶发育形成的溶隙、溶孔、溶洞多沿层面溶蚀发展扩大。加之地史时期新构造上升隆起呈阶段性，所以岩溶发育形成成层分布的特点。碳酸盐岩类裂隙溶洞水的化学类型为重碳酸钙水或重碳酸钙镁水，pH 6.10～6.5，只个别地区大于 6.5。由于岩溶发育程度变化大，各地段富水性差异较大，在岩溶发育程度高的地段易形成岩溶地面塌陷、矿井突水等地质灾害。

5. 岩土体类型

岩土体类型是产生各类地质灾害的物质基础，控制着地质灾害发生规模种类等。吉林省地层岩性复杂，既有土体又有坚硬岩石和半坚硬岩石，土体主要分布在中西部松辽平原和山间盆谷地，岩体则出露在山区。

岩体类型：根据建造将工作区内岩体划分为岩浆岩、沉积岩、变质岩三大建造类型，依据岩性组合可分为十六个岩组，现叙述如下：

1）岩浆岩建造

吉林省岩浆岩的分布面积占全省山区面积的 2/3 以上，是主要岩体类型。

（1）块状坚硬花岗岩岩组。主要分布于东部山区长白山、安图、和龙、珲春、汪清等地。分布面积为 30324.45km²，占全省总面积的 16.18%，组成岩体的花岗岩主要是华力西晚期花岗岩，大部分为酸性岩类，可分为黑云母花岗岩、黑云母斜长花岗岩。矿物成分为石英、长石黑云母、角闪石。该岩体节理裂隙发育、球状风化、网状风化剧烈。在原基岩与风化壳间，常形成泥化面，在外界条件影响下易形成滑坡、崩塌，造成危害。

（2）薄层状软弱花岗岩风化壳。主要出露于磐石、朝阳、辽源平马、和平、大黑山、吉林、金马一带。分布面积为 22737.01km²，占全省总面积的 12.13%，为花岗岩风化而成的丘陵山地残坡积物。残积物表层有较多的有机物，最厚达 30 多米。坡积物岩性由黏土或含碎石亚黏土组成，松软，孔隙率大。由于风化壳分布广且厚，有碎石又含水，与基岩面易形成软弱结构面，是发生滑坡、崩塌的有利因素。

（3）块状坚硬玄武岩岩组。分布在长白熔岩台地、敦化、靖宇台地，主要包括全新世、更新世、上更新世及晚更新世玄武岩。岩石类型主要为橄榄玄武岩、拉斑玄武岩、气孔状玄武岩。分布面积为 $15989.40km^2$，占全省总面积的 8.53%，玄武岩柱状节理及孔洞发育，连通性能好，在地形陡峻高差较大处，易沿柱状节理裂开，产生岩崩现象。另外，在挖掘地下工程时，易产生冒顶、崩塌。特别是层间古风化层和松散砂砾石层具强透水性和含水性，是库水渗漏的主要通道。

（4）块状较坚硬玄武岩岩组。分布在珲春的东北部，面积很小，仅有 $852.07km^2$，占工作区总面积的 0.45%。

（5）块状-厚层状较坚硬火山碎屑岩岩组。分布在汪清境内及敦化北部部分地区，分布面积为 $1739.77km^2$，约占工作区总面积 0.92%。

2）沉积岩建造

包括碎屑岩和碳酸盐岩两种岩体类型。

含碎屑岩的地层有：震旦系、石炭系、二叠系、三叠系、侏罗系、白垩系和第三系。出露范围较大的几个碎屑岩盆地有伊舒槽型盆地、蛟河盆地、安图盆地、延吉盆地、珲春盆地等。碎屑岩分布面积为 $22279.07km^2$，占全省总面积的 11.88%。该岩体均具多层性，层状又夹薄层状，使其结构面强度不一，岩体的稳定性降低。特别是煤层，页岩形成的软弱面遇水软化，易发生滑坡、地面塌陷、地裂缝等地质灾害。

中厚层状坚硬的砂砾岩岩组：分布面积较小，仅在吉林地区的永吉盆地、舒兰盆地、安图盆地和珲春盆地的北部有出露，面积为 $2979.57km^2$，仅占碎屑岩面积的 13.37%。主要为二叠纪、三叠纪地层，岩性以凝灰岩、凝灰质砾岩、安山角砾岩为主，岩石性质坚硬，致密。

中厚层状较坚硬的砂砾岩岩组：分布在辉发河谷地两侧及白山-通化一带，主要为以砂砾岩为主的陆相碎屑岩，夹部分泥页岩层、煤层及火山碎屑岩，分布面积为 $9578.90km^2$，约占碎屑岩面积的 42.99%。由于泥页岩、煤层均为层状，厚度变化大，抗风化能力弱，含泥质岩石，遇水易泥化，形成软弱结构面，使岩体的稳定性降低。

中厚-薄层状软弱的砂砾岩岩组：分布在延边地区的延吉盆地、吉林地区的蛟河盆地及珲春南部，岩石类型以砂砾岩、页岩、泥岩为主，结构为中厚层状和薄层状互层，分布面积为 $3246.32km^2$，占碎屑岩面积的 14.57%。该区是水土流失及地下水易污染地段。

中厚-薄层状较坚硬的砂砾岩岩组：分布在抚松盆地、集安、临江等地，以砂砾岩为主，结构为中厚-薄层状。分布面积为 3174.97km²，占碎屑岩面积的14.25%。

中厚-薄层状较坚硬夹软弱的砂砾岩、黏土岩互层岩组：主要分布在松江盆地，岩石类型以砂砾岩、黏土岩为主，结构为中厚-薄层状互层。黏土岩类抗水性差，易软化、风化，坑道工程易产生冒顶、偏帮等。分布面积为 461.63km²，占碎屑岩面积的 2.08%。

中厚-薄层状软弱的黏土岩岩组：分布在汪清、罗子沟盆地，岩石类型以黏土岩为主，结构为中厚-薄层状，由于成岩程度低，岩石整体性差，在坑道工程中易产生灾害。分布面积 1578.05km²，占碎屑岩面积的 7.08%。

中厚层状较坚硬的火山碎屑岩组：分布在西部大兴安岭隆起前缘，岩石类型为火山碎屑岩，结构为中厚层状，分布面积为 1259.63km²，占碎屑岩面积的 5.65%。

含碳酸盐岩的地层有震旦系、寒武系、奥陶系、泥盆系、石炭系、二叠系。主要分布在通化地区的三元浦-样子哨和白山一带，分布面积为 4193.14 km²，占全区面积的 2.24%。

中厚层状坚硬的碳酸盐岩岩组：主要分布在柳河县三元浦—样子哨、白山市湾沟-鸭园一带。以厚层状石灰岩为主，夹白云岩、砂页岩。分布面积为 3359.78km²，占碳酸盐岩面积的 80.13%。该岩体是一种可溶盐岩体，常形成地下暗河、岩溶漏斗等岩溶现象，这种现象往往易导致地面塌陷和对工程建筑不利的渗漏现象。

中厚层状较坚硬的碳酸盐岩夹砂砾岩岩组：分布在长白县沿鸭绿江一带，分布面积为 833.36km²，约占碳酸盐岩分布面积的 19.87%，在该岩组开采矿产时，要注意岩溶造成的矿坑突水。该岩体岩性为寒武纪、石炭纪沉积的灰岩、砂岩、页岩，具层状结构，岩性具软硬之别，特别是夹薄层状的页岩、泥岩，成为岩体中的软弱层，易引起边坡滑动、崩塌等不良现象。

3）变质岩建造

主要分布在通化白山地区，是组成龙岗山的主体岩石，其他地区有小面积的分布，总分布面积为 11575.51 km²，占全区总面积的 6.18%。

（1）块状坚硬的混合岩片麻岩岩组。

分布在集安、通化、柳河、海龙、白山、靖宇等地区。岩石类型主要为混合岩、片麻岩，具块状构造，节理裂隙发育，延展性较好，易发生崩塌、滑坡等地质灾害。分布面积为 11306.48km²，占变质岩总面积的 97.68%。

（2）中厚-薄层状较坚硬的板岩、千枚岩、片岩岩组。

主要分布在通化地区，岩石类型为板岩、千枚岩、片岩，具板状、千枚状、片状构造，由于层理、片理发育，在地形陡峻处易发生滑坡、崩塌等地质灾害。分布面积为 269.03km²，占变质岩总面积的 2.32%。

土体类型：主要是黏性土，依据结构类型划分为均一结构黏性土和多层结构黏性土。

均一结构黏性土：主要分布在松辽平原的北部、高平原波状台地及伊舒槽地中，分布面积为 21318.97km²，占黏性土面积的 34.66%。在东部高平原上，均分布有均一结构的黄土状亚黏土，湿陷性小，厚度大，岩性变化小。

多层结构黏性土：分布在松辽平原的广大地区，分布面积为 40178.31km²，占黏性土分布面积的 65.34%，松辽高平原河谷地区上部为亚黏土层，下部为砂石层。松辽低平原中，河谷平原上部为亚黏土层，下部为粉细砂层。在乾安附近、查干泡南部分地区有淤泥质土出露，均在低洼处，其矿物成分为水云母、蒙脱石，具塑性变形，含水量高，疏松，沉降量大，是沼泽地易发区。

2.2　吉林省地质灾害时空分布规律分析

2.2.1　吉林省地质灾害多灾种空间分布规律

吉林省各个区域由于所处地理位置和地质环境背景条件不同，地质灾害分布不均。通化地区有地质灾害点 815 个，占全省总灾害点的 20.82%，地质灾害点密度为 5.19 个/100km²。白山地区有地质灾害点 652 个，占全省总灾害点的 16.65%，地质灾害点密度为 3.73 个/100km²。延边地区有地质灾害点 912 个，占全省总灾害点的 23.30%，地质灾害点密度为 2.10 个/100km²。吉林地区有地质灾害点 781 个，占全省总灾害点的 19.95%，地质灾害点密度为 2.82 个/100km²。辽源地区有地质灾害点 103 个，占全省总灾害点的 2.63%，地质灾害点密度为 2.01 个/100km²。长春地区有地质灾害点 306 个，占全省总灾害点的 7.82%，地质灾害点密度为 1.49 个/100km²。四平地区有地质灾害点 140 个，占全省总灾害点的 3.58%，地质灾害点密度为 0.93 个/100km²。松原地区有地质灾害点 101 个，占全省总灾害点的 2.58%，地质灾害点密度为 0.50 个/100km²。白城地区有地质灾害点 105 个，占全省总灾害点的 2.68%，地质灾害点密度为 0.23 个/100km²。由此可以看出，全省地质灾害点密度有自东南向西北递减的分布规律，见图 2-3。

2.2.2　吉林省地质灾害多灾种时间分布规律

根据 2013～2016 年吉林省崩塌、滑坡和泥石流等主要地质灾害发生情况，根据其发生规模的大小分为极大、大、中等、小和极小五个等级。运用 ArcGIS 软件的空间分析功能将其空间化，得到这 4 年间发生不同规模灾害的布局情况（图 2-4～图 2-7）。从总体上可以看出，这 4 年来发生的不同规模的地质灾害均分布在

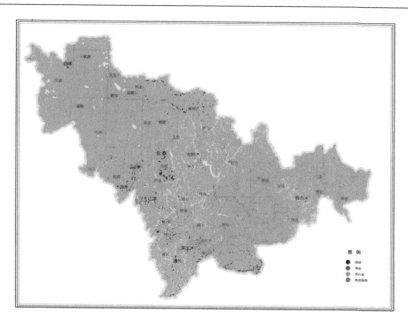

图 2-3　吉林省地质灾害点空间分布图

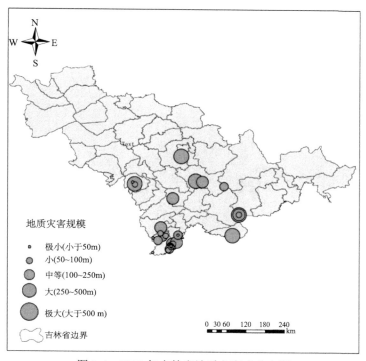

图 2-4　2013 年吉林省地质灾害点分布图

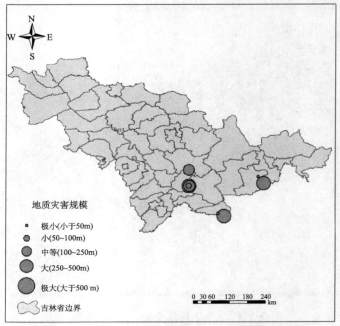

图 2-5　2014 年吉林省地质灾害点分布图

图 2-6　2015 年吉林省地质灾害点分布图

图 2-7　2016 年吉林省地质灾害点分布图

吉林省的东南部地区。2013 年，发生不同规模灾害 36 处，多数都是由于降雨诱发，在吉林省中东部地区呈散发态势，发生在桦甸市、蛟河市等地，规模较大。在通化市和长白山国家级自然保护区，呈群发态势，灾害点较为集中，尤其是通化市，各个规模地质灾害均有发生。2014 年，发生地质灾害数量较少，全省仅有 8 处，分布在抚松县、和龙市、长白县以及桦甸市。2015 年，全省灾害发生数量有所增加，达到了 21 处，发生的热点区域为白山市、抚松县、通化市的东南部地区以及安图县的南部地区，灾害发生规模均较大。2016 年，全省发生地质灾害数量为 17 处，全部集中分布在吉林省的东南部边界一带，包括和龙市、长白县、白山县和通化市，其中，大型及极大型规模灾害数量为 7 处，造成了严重的社会影响和经济损失。

2.2.3　吉林省崩塌灾害空间分布规律

崩塌是吉林省主要地质灾害种类之一，也是突发性地质灾害中发生频度最大的灾害类型。在吉林省范围内一般包括岩崩和土崩两种类型，其空间分布规律一般表现为某些地区成带、成片、成群地集中分布区域性规律。绝大多数崩塌分布在中低山区，尤其是集中分布在老岭中山区及鸭绿江和图们江沿岸（王立春，

2001）。

崩塌个体发育的重复性规律：某一崩塌带、群等多次重复发生，有时每年发生 2～5 次，如长白山天池、通化—长白公路沿线等。

岩崩多分布在坡角受人为破坏、岩体裸露、坡度较陡的山坡处，特别是江河沿岸，具有崩落滚动特点，水平位移很小。土崩坡角基本处于天然状态，坡度 40°～45°，表层松散物质发育，植被稀少的山体坡角处。崩塌时具有一定的水平位移。面积较大，厚度较小。崩塌绝大多数分布在中低山区，占 90.7%，其次为低山丘陵区，占 1.7%，尤其是集中分布在老岭中山区及鸭绿江和图们江沿岸。岩崩均发育在地形高差大处，一般高差大于 300m，坡度陡，坡角 40°以上，岩土体类型以岩浆岩为多，占 72.8%，变质岩占 11.2%，碎屑岩占 15.9%，这与省内岩体类型分布面积比例基本一致，说明崩塌与岩体建造类型关系不大，但与岩体结构（岩性组）关系较密切。从发生时间上看，6～9 月占 87.4%，其中 7～8 月占 65.6%，说明崩塌与降水关系密切，具有明显的正相关性。

在地质构造较发育的地区，节理裂隙延展性好，密度大，相互切割。植被不发育，岩土体裸露，特别是人为修建公路等工程活动破坏山体自然坡角地段。集中发生于 6～9 月降水集中季节，常以崩塌群的形式出现，较大规模的崩塌群可达10km 左右，并具有重复发生的特点，有时每年发生 3～5 次。最大崩落块体可达15～20m³，崩塌规模一般为 100～1000m³，以长白—临江—大栗子、集安—临江—长白边防公路、白山—临江等公路段、铁路沿线为典型发展区（带），其主要危害是中断或阻塞交通、毁坏房屋，有时还造成人员伤亡。据实际调查点的统计，从与地形地貌关系上看，中低山区占 90.7%，低山丘陵与盆谷地占 4.6%，说明崩塌与地貌关系密切。其规模、块体大小等特征与地形条件、岩体结构、降水强度等有关。岩崩堆积物在一次岩崩过程中，一般有块体越大、滚动越远的规律。有一些岩崩塌堆积物，在特定地形地貌条件下，有时还发生再次滚动，如长白山天池、长白县十三道沟盘山公路段等地。

全省崩塌灾害共有 2108 处，造成 9 人死亡，毁坏房屋 490.5 间，直接经济损失 6802.04 万元。主要分布于东南部山区中低山区的通化、白山地区及延边洲，共有 1291 处，占全省崩塌总数的 61.24%，其中通化地区最发育，有 524 处，占全省崩塌总数的 24.86%，地质灾害点密度为 3.34 个/100km²，直接经济损失 2375.45万元；次为吉林省中部的低山丘陵区的吉林地区，有崩塌点 231 处，占全省滑坡总数的 10.96%，平原区与低山丘陵区过渡带较少。

2.2.4 吉林省滑坡灾害空间分布规律

吉林省内滑坡分布较少，但危害较大，多属岩体蠕动滑坡，具有间歇性活动特点。滑坡按动力成因多属自然滑坡。按滑坡体物质组成划分多属土体滑坡、滑动面为碎石土的滑坡体与基岩接触面。省内滑坡均分布在北纬 43° 以南中低山区的山间盆地中或盆地边部的碎屑岩分布区。

吉林省内滑坡具有较明显的形态特征一致性，即滑坡要素基本相同。滑坡体上部由破碎松散的土石组成，表面起伏不平。滑坡周界不明显；滑坡壁高度 1～5m，陡度 60°～70°；滑动面（带）倾向与坡体总体坡度基本一致，与滑动方向基本一致的剪切裂缝成群出现，一般延伸长度 20～30m，个别达 50m 左右，多数宽度为 5～10cm，最宽达 30cm，相对错距一般为 0.3～1.0m，最大为 1.5m。

2.2.5 吉林省泥石流灾害空间分布规律

泥石流在吉林省东部山区分布较普遍、活动较频繁（图 2-8）。按其形成的场所条件可分为河谷型、沟谷型和坡面型泥石流三类，按其物质组成又可分为泥石流和水石流两类。

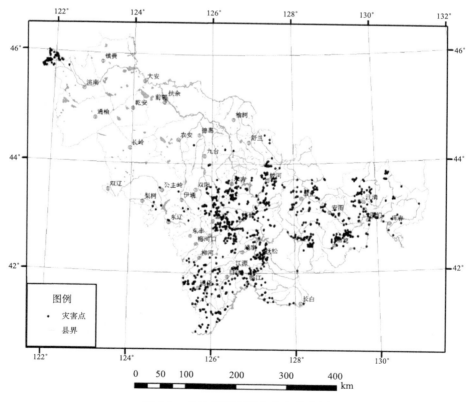

图 2-8　吉林省泥石流灾害点分布图

从地理位置上看，泥石流绝大部分分布在张广才岭—龙岗山的东南地区。从地貌上说，泥石流绝大多数分布在中低山区。河谷型泥石流分布在山间坡降较大、地形开阔、物源广泛的河谷中，如库仓沟、蛤蟆河、车大人沟泥石流。泥石流形成区与流通区无明显界线，泥石流搬运路程较长，具有流速快、能量大、破坏力强的特点。沟谷型泥石流分布于中低山山区易于汇水、地形坡度大、冲沟发育、无常年流水、碎屑物质丰富的沟谷中，物源范围小，具有发生频率高、规模小的特点，如六道沟、老岭村泥石流等。河谷型泥石流按物质组成分类属水石流，按流体性质分类属稀性泥石流，一般均发育多条泥石流支沟，坡降20°左右；沟谷型泥石流按物质组成分类属泥石流，按流体性质分类属黏性泥石流，常成群集中分布，阳坡多于阴坡。整个泥石流沟长度1km左右，坡降20°左右。根据县（市）地质灾害调查与区划资料，全省目前共有1407条，占地质灾害总数的35.94%，规模均为小型。主要分布在南部中低山区的通化、白山、中部低山丘陵区的吉林地区及延边地区，这四个地区有泥石流1289条，占泥石流总数的91.61%。其中通化202条，白山225条，吉林地区453条，延边地区409条。全省因泥石流地质灾害共造成39人死亡，毁坏房屋24968.5间，直接经济损失22958.8万元。

2.2.6 吉林省地质灾害空间分布影响因素分析

选取与地质灾害的发生发展密切相关的降雨、地形地貌、岩土类型、地质构造、人类活动等自然及人文因素，采用相关分析技术及GIS中的空间分析技术，对吉林省地质灾害的空间分布主要影响因素进行分析。

1. 地质灾害与降雨

从吉林省地质灾害与降雨量关系图以及吉林省地质灾害与降雨量关系曲线图上可以看出，降雨与地质灾害的关系极为密切，是诱发地质灾害的最主要的原因（赵海卿等，2004；赵彦宁和孙秀菲，2012）。根据统计结果，地质灾害中的崩、滑、流绝大多数都是由降雨所引发，尤其是持续降雨，每年汛期都是地质灾害的高发季节（常国存等，2006；付冬雪等，2015）。吉林省年降雨量500~1100mm，区域内地质灾害密度与年降雨量呈正相关关系，降雨量大于1100mm的区域森林覆盖率较高，人口密度较小，人类工程活动较弱，地质灾害不发育（图2-9和图2-10）。

2. 地质灾害与地形地貌

吉林省地势总趋势东南高西北低，以北东—南西向纵贯全省的大黑山脉为界，分为东部山地和西部松辽平原区两大区域。根据地貌的形态成因以及组合，在研究区内吉林省地貌类型分为长白山中山低山、东部低山丘陵、中部台地平原

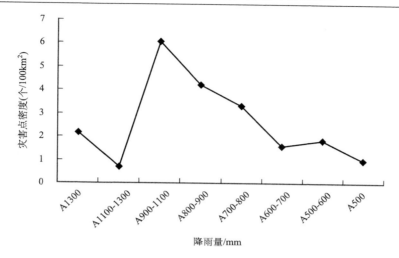

图 2-9　吉林省地质灾害与降雨量关系曲线图

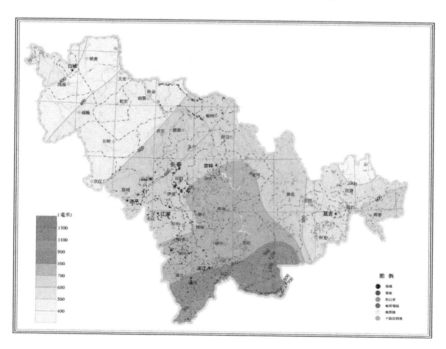

图 2-10　吉林省地质灾害与年降雨量关系图

以及西部沙丘覆盖平原（杜伟和王娜，2013；李晓娟等，2006）。将吉林省地质灾害与地形地貌类型相结合（图 2-11 和图 2-12）进行综合分析，从一级地貌单元来看，吉林省地质灾害主要分布于吉林省东部山地，地质灾害类型较全，密度较大，西部平原区地质灾害分布密度较少，类型较单一，主要为崩塌和泥石流；从二级地貌单元进行分析，长白山中低山区是吉林省地质灾害的主要分布区，其次是吉东低山丘陵区，中部台地平原以及西部沙丘覆盖平原灾害点分布相对较少。从全省

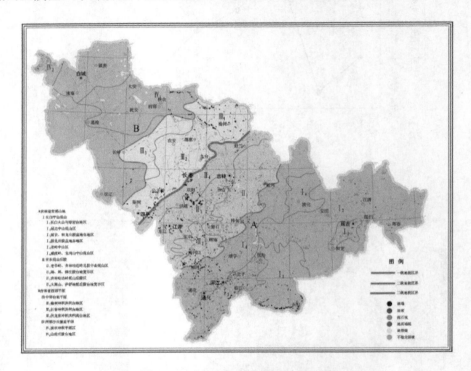

图 2-11　吉林省地质灾害与地貌关系

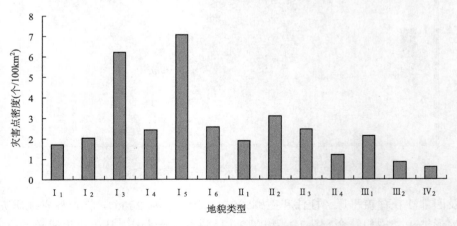

图 2-12　吉林省地质灾害点密度与地貌关系柱状图

来看，区域地质灾害密度与该区高程（地貌类型）呈正相关关系；从三级地貌单元进行分析，I_5 老岭中山区地质灾害点密度最大，为 7.08 个/100km^2，共有灾害点 639 个，其中包括崩塌点 361 个、滑坡 46 个、泥石流 202 个以及地面塌陷 30 个。其次为延吉、和龙丘陵盆地谷地区，地质灾害点密度为 6.21 个/100km^2，主要灾害类型为崩塌和滑坡。长白山中低山区的其他区域、吉东低山丘陵区及中部台地平原的部分区域地质灾害点密度为 1.0～3.0 个/100km^2。西部平原的其他区域地质灾害不发育，地质灾害点密度较小，100km^2 地质灾害少于 1 个。

3. 地质灾害与岩土体类型

对吉林省地质灾害点与各类型岩体进行统计分析（图 2-13），根据分析可以看出，全省碳酸盐岩分布区崩塌、滑坡和不稳定斜坡点密度为最大，明显多于其他岩体分布区域，属高易发区；次为变质岩和花岗岩类分布区，玄武岩碎屑岩分布区相对不发育（表 2-2）。

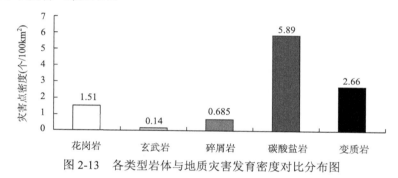

图 2-13　各类型岩体与地质灾害发育密度对比分布图

表 2-2　地质灾害与岩土体关系统计表

岩体类型	分布面积（km^2）	灾害点数（个）	灾害点密度（个/100km^2）	划分标准	等级
花岗岩	56060.86	849	1.51	1～5	中
玄武岩	16841.47	24	0.14	<1	低
碎屑岩	21019.44	144	0.685	<1	低
碳酸盐岩	4193.14	247	5.89	>5	高
变质岩	11575.51	308	2.66	1～5	中
合计	109690.42	1572	1.43		

4. 地质灾害与地质构造

将吉林省地质灾害点和地质构造叠加在一张图上，编制吉林省地质灾害与地质构造关系图。通过图 2-14 可看出，吉林省地质灾害点主要分布在 I 塔里木—中朝准地台区、III₂吉林优地槽褶皱带、III₃延边优地槽褶皱带附近区域。从全省地质灾害分布情况可以看出，灾害点密度基本和断裂的分布情况呈正比关系。这是因为地质构造对地质灾害的形成和发展有多方面的影响。一是由于构造的发育形成各种地质结构面，岩体被切割成各种块体，不但降低了岩体的整体联结力，而且形成了地下水的运移通道，致使岩体抗剪强度降低，并在外部因素的作用下而失稳破坏；二是地质构造的空间展布在一定程度上也控制着地质灾害的形成规模与展布方向；三是地质构造的结构面其本身就是斜坡破坏的控制面（马力等，2014）。

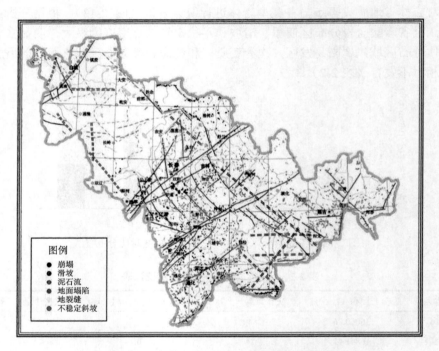

图 2-14　吉林省地质灾害与地质构造关系图

　　从地质灾害与地质构造关系图上可以看出（图 2-14）四平—公主岭—农安—德惠—扶余一线是吉林省新构造运动的上升区和下降区的分界线，对比吉林省地质灾害易发区与非易发区的分界线，两条线基本吻合。由此可得，地质灾害发育情况和地质构造分布情况基本一致，地质构造也是影响地质灾害发生的一个重要因素。

5. 地质灾害与植被覆盖率

将吉林省地质灾害点分布情况及全省森林覆盖率等值线图叠加呈现在一张图上（图 2-15），即吉林省地质灾害与森林覆盖率关系图。分析吉林省地质灾害与森林覆盖率关系图可以看出，各类地质灾害点在森林覆盖率 70%～80% 时密度最大。森林覆盖率在 80%～90% 以及 90% 以上时，地质灾害点密度较小。这是因为森林覆盖率在 80%～90% 以及 90% 以上的区域多为原始森林及熔岩台地，人口密度较小。森林覆盖率小于 40% 的区域地质灾害也不发育，是因为该区域在省内主要是平原区。

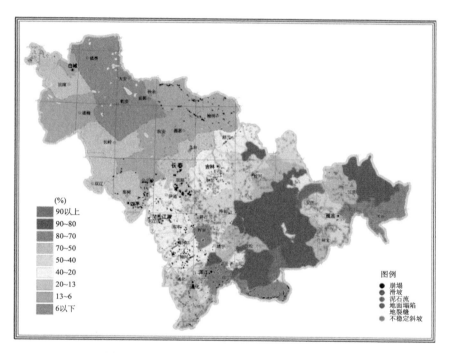

图 2-15　吉林省地质灾害与森林覆盖率关系图

6. 地质灾害与人类工程活动

人类活动强度越高的地区地质灾害发生分布也就越多，同时一些容易诱发地质灾害的活动方式分布多的地区，地质灾害发生的概率也越高。如由于修建公路或铁路进行的切坡开挖、采矿活动、地下工程建设。吉林省崩塌灾害主要分布在老岭中山区的通化—白山—临江—长白、白山—抚松公路、通化—集安公路、铁路沿线，这些地区地质灾害主要受人类工程活动影响形成。

参 考 文 献

常国存, 王立春, 李虹. 2006. 2005 年吉林省地质灾害气象预报预警分析. 气象水文海洋仪器, (1):61-63.

杜伟, 王娜. 2013. 吉林省地质灾害易发程度分区方法研究. 吉林地质, (4):151-153.

付冬雪, 陈长胜, 姚瑶. 2015. 吉林省长白县崩塌地质灾害防治气象监测预警服务效益评估. 吉林气象, 22(4):15-17.

李晓娟, 李广杰, 李洪然, 等. 2006. 吉林省和龙市地质灾害易发程度分区. 吉林地质, 25(1):66-70.

马力, 赵彦宁, 李立军, 等. 2014. 基于 GIS 空间分析的吉林省安图县地质灾害易发程度评价. 地质灾害与环境保护, (3):88-92.

滕继奎. 1997. 吉林省地质灾害类型及防治对策探讨. 吉林地质, (2):62-64.

王立春. 2001. 浅谈吉林省地质灾害现状. 吉林地质, 20(2):42-46.

王晓明, 刘海峰, 石大明, 等. 2005. 吉林省东南部山区地质灾害与降水关系分析及气象等级预报. 吉林气象, (1):2-5.

赵海卿, 李广杰, 张哲寰. 2004. 吉林省东部山区地质灾害危害性评价. 吉林大学学报, 34(1):119-124.

赵彦宁, 孙秀菲. 2012. 吉林省地质灾害发育特征及防治对策研究. 吉林地质, 31(2):117-122.

第 3 章 极端降雨诱发地质灾害易发性及危险性动态评价

山区地质灾害是指在山区范围内由于地质作用斜坡体所处的地质环境产生突发的或渐进的破坏，并造成公路损毁或人类生命财产损失的现象和事件。它同时具有自然属性和社会属性，两种属性对立统一而形成山区地质灾害灾情。因此，研究地质灾害活动规律，并对其进行防控就需要从上述两个基本属性入手。

随着人类工程活动范围和规模的不断扩大，地质灾害发生的次数和可能性必将有增加的趋势，给社会带来的危害也必将增大。同时，地质灾害的发生具有不确定性，其结果却会造成严重的人员伤亡及财产损失。因此，掌握地质灾害空间分布情况以及潜在的影响，对于地方政府的减灾防灾工作具有指导意义。大量的研究和事实表明，大多数地质灾害的发生是由于降雨诱发或者直接触发产生的，鉴于此原因根据降雨资料对地质灾害进行危险性评价是切实可行的。所以当前情况下迫切需要结合吉林省东南部山区的实际情况，对极端降雨诱发山区地质灾害类型及特征进行调查分析，研究极端降雨诱发山区地质灾害的发生条件及规律，并对各主要地区进行地质灾害危险性评价和区划。通过地质灾害危险性评价，提升地质环境与气象因素耦合作用机制的科学研究水平。对临界降雨量判据进行定量化，提高危险性评价的准确程度，旨在探索一套切实可行的、服务于山区范围的地质灾害危险性评价理论与方法体系，并以吉林省通化县为例进行滑坡、崩塌和泥石流地质灾害危险性评价，为受地质灾害威胁的地区建立监测网络、制定应急措施并为保障生命和财产安全提供工作基础。这具有重要的学术价值和现实意义。

3.1 研究区概况与数据来源

3.1.1 研究区概况

吉林省东南部山区受长白山的影响，地形地貌及地质条件较为复杂，泥石流、滑坡和崩塌等地质灾害大多发生在吉林省东南部长白山区及半山区（主要包括吉林省的吉林、通化、白山和延边等地区）。吉林省东南部山区多受北东—南西走向山脉控制，山脉与盆地相间分布，构成明显的盆-山地形。自 1990 年以来，该地区发生较大地质灾害共 56 起，死亡 52 人，重伤 122 人，破坏房屋 3345 间，摧毁耕地 1788m^2，直接经济损失近亿元。

通化县位于吉林省南部（图 3-1），地理坐标位于东经 125°10′~126°44′，北纬 40°52′~43°3′。通化县 2/3 以上的面积为山区，属长白山系。南部是鸭绿江与浑江之间的老岭山区，中部是浑江与辉发河之间的龙岗山，北部为低山丘陵区，是山地和平原的过渡地带。地势由南向北沉降，形成南高北低的地势地貌。海拔最高的老岭山脉东老秃顶子为 1589m，最低海拔集安市凉水朝鲜族乡杨木村为 108m。通化的多年平均降水量有 870mm，主要集中在夏季，6~8 月三个月的降水量占年总降水量的 60%以上。

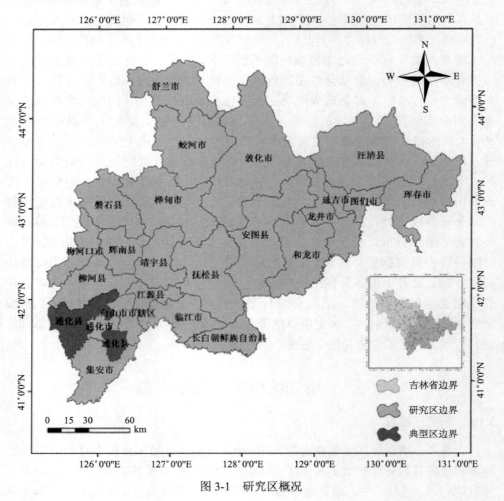

图 3-1　研究区概况

3.1.2　数据来源

1. 遥感影像数据

（1）"高分一号"卫星影像数据。包括 2m 全色、8m 多光谱、2m 全色与 8m 多光谱融合、16m 多光谱等四类数据，来源于地理国情监测云平台（Geographical Information Monitoring Cloud Platform）。

（2）DLR-DEM 数据。本研究使用的 DEM 数据来源于德国宇航中心（Deutsches Zentrum für Luft- und Raumfahrt）提供的 SRTM 数据之一的 DLR-DEM 数据，高程精度达 6～16m。

2. 气象数据

来源于中国气象科学数据共享服务网（http://cdc.nmic.cn/home.do），依据各个站点气象资料的连续性及最长时段性标准，选取吉林省内部所有气象站点 1960～2016 年的逐日气象数据。

3. 其他数据

（1）地质地貌数据。来源于吉林省国土资源厅地质环境处提供吉林省 1：5 万地质地貌数字地图。

（2）土壤类型数据。来源于地理国情监测云平台提供的 1：100 全国土壤类型数字地图。

（3）水文地质数据。来源于中国地质科学院地质科学数据共享网以及吉林省国土资源厅地质环境处。

（4）历史灾情数据。来源于吉林省国土资源厅地质环境处统计的截至 2016 年吉林省内地质灾害发生详细时间、位置、灾损情况、致灾原因等的历史灾情详细资料。

3.2　理论依据与研究方法

3.2.1　理论依据

本书主要理论依据为综合自然灾害风险管理理论。该理论的提出来源于对"自然灾害风险"这一概念内涵的解读，根据目前比较公认的自然灾害风险形成机制，一定区域内自然灾害风险是由自然灾害危险性（hazard）、暴露性（exposure）和承灾体的脆弱性或易损性（vulnerability）三个因素相互作用而形成的。除此之外，防灾减灾能力（emergency response & recovery capability）也是制约和影响自然灾害风险的因素之一（图 3-2）。

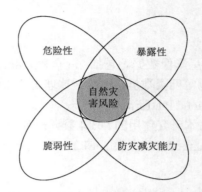

图 3-2　自然灾害风险四要素示意图

其中对自然灾害危险性的描述为造成灾害的自然变异的程度。主要是由灾变活动规模（强度）和活动频次（概率）决定的。依靠此概念，我们可以将地质灾害危险性定义为：研究区内一定时间段内某特定类型的地质灾害以一定规模或强度发生的概率，是地质灾害发生的空间概率和时间概率的乘积。

地质灾害危险性评价是风险评价的关键内容。地质危险性评价研究的主要内容包括：滑坡灾害发生的空间概率问题，也就是在诱发事件条件下什么地方容易发生地质灾害和地质灾害发生的频率或概率问题，即现有或潜在地质灾害发生的概率或频率问题。中小比例尺区域地质灾害危险性评价一般由区域地质灾害易发性评价结果提供地质灾害可能发生的空间概率。地质灾害发生的时间概率问题则需要结合详细的地质灾害编录数据和重大诱发因素开展地质灾害频率或概率分析来解决。由于中小比例尺条件下区域地质灾害危险性研究范围较大，甚至连地质灾害体基本的边界条件都难以确定。所以在中小比例尺情况下的地质灾害危险性评价一般不考虑具体地质灾害的强度及影响范围。

3.2.2　研究方法

1. 随机森林回归算法

随机森林回归算法是由 Breiman 提出的基于决策树分类器的融合算法。其基本思想是基于统计学理论,利用 bootstrap 重抽样方法从原始样本中抽取多个样本,对每个 bootstrap 样本构建决策树。然后将所有决策树预测平均值作为最终预测结果。随机森林回归可以看成是由很多弱预测器（决策树）集成的强预测器。

随机森林回归算法步骤可归纳如下：

设 θ 为随机参数向量,对应的决策树为 $T(\theta)$。记 B 为 X 的域,也就是 $X:\Omega|\rightarrow$

$B \subseteq R^p$，其中 $p \in N$ 是自变量的维度。决策树的每一个叶节点都对应一个 B 的矩形空间，记每一个叶节点的矩形空间为 $R_l \subseteq B$ $(l=1, 2, \cdots, L)$。对于每一个 $x \in B$，当且仅当一个叶节点 l 满足 $x \in R_l$，记决策树 $T(\theta)$ 的叶节点 $l(x, \theta)$。

步骤 1：利用 bootstrap 重采样方法，随机产生 k 个训练集 $\theta_1, \theta_2, \cdots, \theta_k$；利用每个训练集生成对应的决策树 $\{T(x, \theta_1)\}, \{T(x, \theta_2), \cdots, \{T(x, \theta_k)\}$。

步骤 2：假设特征有 M 维，从 M 维特征中随机抽取 m 个特征作为当前节点的分裂特征集，并以这 m 个特征中最好的分裂方式对该节点进行分裂（一般而言，在整个森林的生长过程中，m 的值维持不变）。

步骤 3：每个决策树都得到最大限度的生长，而不进行剪枝。

步骤 4：对于新的数据，单棵决策树 $T(\theta)$ 的预测可以通过叶节点 $l(x, \theta)$ 的观测值取平均获得。假如一个观测值 X_i 属于叶节点 $l(x, \theta)$ 且不为 0，令权重 $\omega_i(x, \theta)$ 为

$$w_i(x,\theta) = \frac{1\{x_i \in R_l(x,\theta)\}}{\#\{j : x_j \in R_l(x,\theta)\}} (i = 1,2,3,\cdots,n) \tag{3-1}$$

式中，权重之和等于 1。

步骤 5：单棵决策树的预测通过因变量的观测值 Y_i $(i=1, 2, \cdots, n)$ 的加权平均得到。单棵决策树的预测值可由下式得到：

$$\hat{\mu}(x) = \sum_{i=1}^{n} w_i(x,\theta) Y_i \tag{3-2}$$

步骤 6：利用式（7）通过对决策树权重 $\omega_i(x, \theta_t)$ $(t=1, 2, \cdots, k)$ 取平均得到每个观测值 $Y_i \in (1, 2, \cdots, n\}$ 的权重 $\omega_i(x)$：

$$w_i(x) = \frac{1}{k} \sum_{i=1}^{k} w_i(x,\theta_t) Y \tag{3-3}$$

则随机森林回归的预测值可记为

$$\hat{\mu}(x) = \sum_{i=1}^{n} w_i(x) Y_i \tag{3-4}$$

2. 分位数断点分级法

设连续随机变量 X 的累积分布函数为 $F(X)$，概率密度函数为 $p(x)$。那么，对任意 $0<p<1$ 的 p，称 $F(X)=p$ 的 X 为此分布的分位数，或者下侧分位数。简单地说，分位数指的就是连续分布函数中的一个点，这个点的一侧对应概率 p。

若概率 $0<p<1$，随机变量 X 或它的概率分布的分位数 Z_a，是指满足条件 $p(X>Z_a)=\alpha$ 的实数。

分位数有三种不同的称呼，即 α 分位数、上侧 α 分位数与双侧 α 分位数，它们的定义如下：

当随机变量 X 的分布函数为 $F(x)$，实数 α 满足 $0<\alpha<1$ 时，α 分位数是使 $P\{X<\lambda\}=F(X)=\alpha$ 的数 λ。

上侧 α 分位数是使 $P\{X>\lambda\}=1-F(\lambda)=\alpha$ 的数 λ。

双侧 α 分位数是使 $P\{X<\lambda_1\}=F(\lambda_1)=0.5\alpha$ 的数 λ_1、使 $P\{X>\lambda_2\}=1-F(\lambda_2)=0.5\alpha$ 的数 λ_2 如 t 分布的分位数表，自由度 $f=20$ 和 $\alpha=0.05$ 时的双侧分位数为 ±1.7247。

3. 反距离加权插值法

反距离加权插值法（inverse distance to a power method，IDW）也可以称为距离倒数乘方法。是指一个加权平均插值法。可以进行确切的或者圆滑的方式插值。方次参数控制着权系数如何随着离开一个网格结点距离的增加而下降。对于一个较大的方次，较近的数据点被给定一个较高的权重份额，对于一个较小的方次，权重比较均匀地分配给各数据点。

根据给定的控制点对和控制点的位移矢量（方向和距离），实现图像每一个像素点的位移。反距离加权插值法是通过得到每一个像素点和选定控制点对的逼近关系以及相对应的权重关系，求得像素点相对应的变化关系。逼近函数可以理解为对像素点 p 的影响程度，而权重函数则可以看成是对距离的权重，距离越远，权重越小。

$$f(p)=\sum_{i=1}^{n}w_i(p)f_i(p) \tag{3-5}$$

该函数 $f(p)$ 传入一个像素点的坐标，通过已选定的控制点实现计算插值。f 函数返回像素点坐标，f_i 函数为逼近函数，即

$$f_i(p)=q_i+T_i(p-p_i) \tag{3-6}$$

T_i 是一个 2×2 矩阵，T_i 可以取近似值 1。将控制点数据代入可以求出每一个局部插值函数。

而 w_i 权重函数理解为对距离越远，权重越小，这里通过公式（3-7）、（3-8）计算：

$$w_i(p_i)=1, \sum_{i=1}^{n}w_i(p)=1, w_i(p)\geqslant0, i=1,\cdots,n \tag{3-7}$$

$$w_i(p)=\frac{\sigma_i(p)}{\sum_{j=1}^{n}\sigma_j(p)}, \sigma_j=\frac{1}{d(p,p_i)^{\mu}} \tag{3-8}$$

式中：$d(p,p_i)p$ 和 p_i 的距离，指数 μ 可以取大于 0 的数，这里测试取 2 最优。通过公式求取权重函数，求和体现多组控制点共同产生影响。

3.3　极端降雨诱发地质灾害易发性评价研究

地质灾害易发性评价是解决研究区内什么地方容易发生地质灾害以及易发程度的问题，它是在空间上表征地质灾害发生可能性的指标，是地质灾害危险性、风险分析的基础。地质灾害易发性明确了研究区发生滑坡的空间概率，是由该地区特定的地质环境条件决定的。易发性所关注的是"什么地方容易发生地质灾害以及潜在地质灾害发生的规模或强度问题"，而不考虑地质灾害发生的时间概率问题，如"什么时间"或"什么频率"等。地质灾害易发性评价基本流程主要包括两个步骤：①评价指标体系建立和评价模型建立；②地质灾害易发性评价及易发性分区图制作等。

3.3.1　极端降雨诱发地质灾害易发性评价指标体系选取及权重确定

关于易发性评价指标选取，关键要看评价指标在易发性评价中所起的作用大小。指标的选取一般都有一定的方法，本节主要采用地质经验法（专家调研法），地质经验法作为最基本、最常用的指标因子筛选方法，是其他方法的基础。因此，通过查阅文献资料，结合研究区实际情况与不同类型灾害的特点，归纳总结前人所采用的评价指标，利用地质经验法，最终确定了地质灾害易发性评价的指标体系。通过总结得出主要影响地质灾害易发性评价的指标因素分为地形地貌和地质环境两大方面（影响地质灾害分布的主要因素），且每一个方面还包括诸多的次级因素，同时每个次级因素有不同数量的表征因子。

地形地貌因素：前面提到地形地貌是影响地震及极端降雨次生地质灾害的主要因素。一般来说，地形高差越大，越有利于地质灾害的发育，因此，从大范围来看，地质灾害多集中于山地、丘陵地区。从小范围局部地形来看，斜坡坡度和高度对崩滑等地质灾害的形成具有最直接的作用。

地形地貌主要包括地貌类型，斜坡的坡度、高度、坡向、长度、坡型，以及地形切割度等。这里的地貌类型是指城镇所处地的一个综合概念，主要是指高山、中山、低山、丘陵、窄谷、宽谷等。地貌类型大体上决定着一个区域可能产生的地质灾害类型和规模。

坡度是地质灾害发育的一个重要因素，尤其是对于崩塌和滑坡灾害而言。坡度与斜坡岩土体的稳定性并不是简单的线性关系，它总是与坡高、岩土体组合、斜坡结构等因素共同作用。坡向一般与其他因素组合形成坡体结构影响地质灾害的发育情况，然而对于极端降雨诱发的地质灾害来说，坡向的不同导致斜坡日照及降雨量的不同。

坡高即斜坡的相对高差，区域范围内可以用地形起伏度来表征。在其他条件都相同的情况下，不同的坡体单元，一般坡高越大，稳定性越差。

高程是衡量区域地形海拔绝对高低程度的指标，是一个区域量度指标，用于衡量具有局域性特征的滑坡等地质灾害，没有相对高差（坡高）合理。但是对于特定的研究区域来说，其高程分布往往是比较稳定的，可以通过对地质灾害与高程的关系进行统计分析，获得一定的分布共性特征。

坡型主要包括凹型、凸型、直线型等，大量研究表明，坡型不同，坡体的降雨入渗情况也不同。

地质环境因素：地层岩性和土壤类型作为斜坡的物质基础，其性质必然对斜坡的稳定性有很大的作用。不同类型岩性及结构类型的岩土体，地质灾害的易发性及类型不尽相同。一般而言，致密坚硬、结构完整的岩土体稳定性较好，地质灾害不易发，反之地质灾害较活跃。

在断裂带附近，由于强烈的构造作用，往往岩体都比较破碎，裂隙发育，岩体抗风化能力较低，坡体完整性差，稳定性较低，地震作用下也容易破坏。

陆地水文主要是指河流沟谷的发育分布等。研究表明，地质灾害的发育与河流水系的分布存在紧密的关系。因为河流水系综合地反映了该地区的临空面的发育情况、沟谷发育的密度以及斜坡的一些特征。河流还有侵蚀作用，主要有向下切烛、侧向掏蚀和浪击作用。侵蚀作用会搬运带走坡脚岩土体，形成临空面。为崩塌、滑坡的发生提供有利的地形条件。其次河流水位的升降会影响斜坡体地下水位的波动，对斜坡稳定性也会产生不利的影响。

通过分析泥石流与崩塌、滑坡灾害机理，发现两种灾害在评价指标选取上略微不同。根据地质经验法确定崩塌、滑坡、泥石流灾害的指标。通过对比表 3-3 和表 3-4 发现，相对于泥石流灾害易发性评价指标体系，滑坡、崩塌灾害易发性评价指标体系多出了曲率及岩性表征指标，而泥石流易发性评价指标体系中则多出了 NDVI 和土壤类型两个表征指标。

随后通过随机森林回归算法计算泥石流、崩塌滑坡以及地质灾害易发性评价中各个指标因子的权重。权重系数如表 3-2、表 3-4 所示。

在地质灾害易发性评价中，指标权重系数越大说明该指标对地质灾害发生的影响越显著。通过表 3-2 可以看出，对地质灾害的发生影响最大的指标为坡度因子及地形起伏度因子。同时可以发现，地形地貌因素对地质灾害发生的影响要大于地质环境因素。

从表 3-3 可以得知，对滑坡、崩塌灾害发生影响最大的指标为坡度因子及坡长因子，说明随着坡度的加大，滑坡、崩塌灾害发生的可能性也在逐渐增加。除去这两个指标，对崩塌、滑坡灾害发生影响较大的还有地形起伏度因子和地貌复杂度因子等两个指标，表明地貌情况越复杂、同时起伏越大的地区更容易发生崩塌、滑坡灾害。

表 3-1　地质灾害易发性评价指标

一级因素	次级因素		影响原因	表征指标
地质灾害易发性评价指标	地形地貌	坡度	斜坡陡缓情况	坡度因子
		高度	高程，相对高差	高程因子
				地形起伏度因子
		坡向	日照和降水	坡向因子
		斜坡长度	坡面长度	坡长因子
		坡型	凹型，凸型，平面型	曲率
		河网密度	研究区内河网密度	地形湿度因子
		地貌类型	高山、中山、低山、丘陵、宽谷等研究区内综合地形的表征	地貌复杂度因子
		植被覆盖	植被覆盖影响水土保持	NDVI
	地质环境	岩土体	土壤类型	土壤类型
		岩性	岩石类型	地层岩性类型
		水文地质	地下水	地下水分布
		断层	距离断层远近	断层距离
		地质灾害隐患点	灾害点密度	灾害点密度

表 3-2　地质灾害易发性评价指标权重

一级因素	次级因素		表征指标	权重系数
地质灾害易发性评价指标权重	地形地貌	坡度	坡度因子	0.2017
		高度	高程因子	0.0618
			地形起伏度因子	0.2061
		坡向	坡向因子	0.0547
		斜坡长度	坡长因子	0.118
		坡型	曲率	0.1031
		河网密度	地形湿度因子	0.0977
		地貌类型	地貌复杂度因子	0.1859
	地质环境	岩土体	土壤类型	0.0113
		岩性	地层岩性类型	0.035
		水文地质	地下水分布	0.0221
		断层	断层距离	0.0451
		地质灾害隐患点	灾害点密度	0.088
		植被覆盖	NDVI	0.0605

表 3-3 滑坡、崩塌易发性评价指标

一级因素	次级因素	影响原因	表征指标	权重
滑坡、崩塌易发性评价指标	地形地貌	坡度 / 斜坡陡缓情况	坡度因子	0.2159
		高度 / 高程,相对高差	高程因子	0.0415
			地形起伏度因子	0.1461
		坡向 / 日照和降水	坡向因子	0.0317
		斜坡长度 / 坡面长度	坡长因子	0.1632
		坡型 / 凹型,凸型,平面型	曲率	0.0531
		河网密度 / 研究区内河网密度	地形湿度因子	0.0777
		地貌类型 / 高山、中山、低山、丘陵、宽谷等研究区内综合地形的表征	地貌复杂度因子	0.1219
	地质环境	岩土体 / 土壤类型	土壤类型	0.0213
		岩性 / 岩石类型	地层岩性类型	0.0695
		水文地质 / 地下水	地下水分布	0.0171
		断层 / 距离断层远近	断层距离	0.0261
		地质灾害隐患点 / 灾害点密度	灾害点密度	0.0418

表 3-4 泥石流易发性评价指标

一级因素	次级因素	影响原因	表征指标	权重
泥石流易发性评价指标	地形地貌	坡度 / 斜坡陡缓情况	坡度因子	0.1879
		高度 / 高程,相对高差	高程因子	0.0492
			地形起伏度因子	0.0618
		坡向 / 日照和降水	坡向因子	0.1080
		斜坡长度 / 坡面长度	坡长因子	0.1657
		河网密度 / 研究区内河网密度	地形湿度因子	0.2463
		地貌类型 / 高山、中山、低山、丘陵、宽谷等研究区内综合地形的表征	地貌复杂度因子	0.0366
		植被覆盖 / 植被覆盖影响水土保持	NDVI	0.0800
	地质环境	岩土体 / 土壤类型	土壤类型	0.0199
		水文地质 / 地下水	地下水分布	0.0186
		地质灾害隐患点 / 灾害点密度	灾害点密度	0.0261

表 3-4 中权重系数最大的两个指标是地形湿度因子和坡度因子,同时对比表 3-3 发现坡度因子及坡长因子的权重系数略有降低,从泥石流灾害机理分析可以得知,泥石流灾害发生地区的坡度略低于滑坡及崩塌灾害发生地区,所以导致这两个指标在泥石流易发性评价中的权重系数较低,说明对泥石流发生的影响较滑

坡和崩塌来说略低。

3.3.2　极端降雨诱发地质灾害易发性评价

1. 崩塌、滑坡与泥石流易发性评价

采用随机森林回归算法进行典型区崩塌、滑坡与泥石流易发性评价。典型区位于整个研究区南部，分布面积 6348km²,占总面积的 9.79%。从图 3-3、图 3-4 中可以看出典型区内滑坡、崩塌与泥石流易发性有明显不同。滑波、崩塌地质灾害极高与高易发区主要集中在飞地及典型区坡度较高地区，而泥石流在高程及坡度较高区域中极高易发区较少，主要集中在典型区通化县内坡度较为平缓地区。

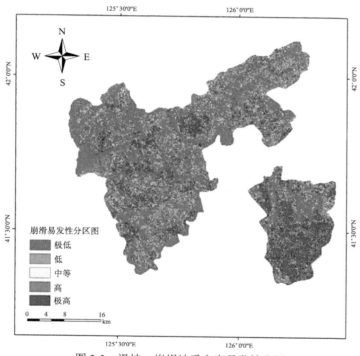

图 3-3　滑坡、崩塌地质灾害易发性分区

2. 地质灾害综合易发性评价

由点到面采用随机森林回归算法进行吉林省东南部山区地质灾害综合易发性评价并采用分位数断点分级法进行易发性区划（表 3-5）分位数断点分级保证每个等级内所含像元几乎可以直观地反映出每个等级灾害易发性范围。用红色、橙色、黄色、浅绿色、深绿色分别代表极高、高、中等、低和极低易发区（图 3-5）。

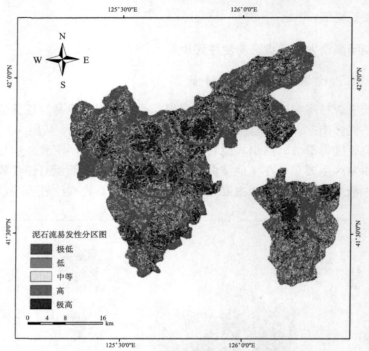

图 3-4　泥石流地质灾害易发性分区

表 3-5　地质灾害综合易发性分区表

易发性等级	极低	低	中等	高	极高
阈值	0.2819	0.3805	0.5005	0.6123	0.7991
代表颜色	深绿色	浅绿色	黄色	橙色	红色

从图 3-5 可以看出,吉林省东南部山区地质灾害极高和高易发区大部分分布在研究区东南部长白山系地区,结合灾害点时空分布可以有效验证。其中通化市、通化县飞地、集安市、和龙市、珲春市、白山市、延吉市等地区属于极高和高易发区。

而中等易发区主要分布在研究区中部地区,同时在极高和高易发区也有部分中等易发区。通过分析极高、高易发性地区数字高程模型可以得知,该地区中等易发性主要集中在坡度较缓地带。桦甸市、通化县部分地区、安图县、敦化市、靖宇县、柳河县地区中等易发性地区较多,属于地质灾害中等易发区。

低和极低易发区主要集中在吉林省东南部山区西部以及西北部地区。按照吉林省整体地势地貌分析,该地区以平原为主,所以验证了地质灾害极低、低易发性的可能。梅河口市、辉南县、磐石市属于地质灾害低以及极低易发区。同时抚松县大部分地区同属地质灾害低、极低易发区。通过分析地势地貌条件发现,抚松大部分地区地势地貌较为平缓符合该易发性。

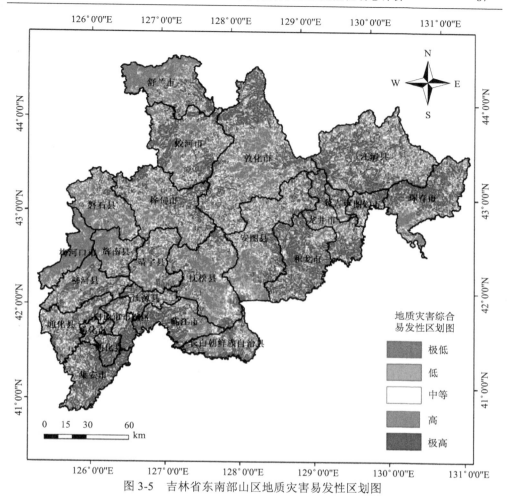

图 3-5　吉林省东南部山区地质灾害易发性区划图

3.4　极端降雨诱发地质灾害危险性动态评价研究

3.4.1　极端降雨诱发地质灾害危险性动态评价模型构建

地质灾害危险性是指研究区内一定时间段内某特定类型地质灾害以一定规模或强度发生的概率，是地质灾害发生的空间概率和时间概率的乘积。因此，地质灾害危险性评价研究的主要内容包括：滑坡灾害发生的空间概率问题，也就是在诱发事件条件下什么地方容易发生地质灾害和地质灾害发生的频率或概率问题，即现有或潜在地质灾害发生的概率或频率问题。中小比例尺区域地质灾害危险性评价一般由区域地质灾害易发性评价结果提供地质灾害可能发生的空间概率。地质灾害发生的时间概率问题则需要结合详细的地质灾害编录数据和重大诱发因素开展地质灾害频率或概率分析来解决。

地质灾害危险性动态评价模型：

$$H=S\times T$$

式中：H 为地质灾害危险性；S 为地质灾害易发性；T 为地质灾害诱发事件发生概率。

3.4.2　诱发事件频率计算

研究区地质灾害重大诱发因素（如地震和降雨）能够在较短的时间内触发大量地质灾害的发生。因此，在一定程度上诱发事件的重现期可以用来评估区域地质灾害发生的频率，即地质灾害发生的时间概率问题。由本书给定内容确定诱发事件为极端降雨，降雨特别是集中降雨是泥石流的诱发因素。同时降雨，特别是暴雨也是诱发自然界大多数滑坡的因素，降雨诱发崩滑地质灾害主要是通过地下水作用体现出来的，降水下渗既会增加坡体的自重，也会使地下水压力上升，还会降低内部有效应力，进而降低坡体稳定性。

基于诱发事件的概率分析为地质灾害从易性到危险性动态评价提供了思路。在确保地质灾害编录数据库具备完整的地质灾害事件与相应诱发事件对应关系记录的情况下，不难看出：首先，对于同一诱发事件，其诱发地质灾害发生的密度或数量在整个研究区呈现较大的空间差异性。其次，针对不同规模或重现期的诱发事件。随着诱发事件强度的增加，区域地质灾害事件发生的空间概率与易发性评价的结果密切相关，即地质灾害高易发的区域可能诱发滑坡的密度或数量明显增多。相比之下，在同样等级的诱发条件下，那些处于极低易发性的区域将不太可能发生地质灾害，诱发降雨事件频率计算结果如表 3-6 所示。结合表 3-6 利用 IDW 空间插值法将诱发降雨频率空间展示，如图 3-6 所示。

表 3-6　降雨频率

时间	项目	75mm 以上	75~150mm	150~300mm	300~450mm	450~600mm	600mm 以上
50 年	降雨频率	2035	1018	662	188	91	76
	降雨次数概率		0.500246	0.325307	0.092383	0.044717	0.037346
20 年	降雨频率	715	337	245	70	27	30
	降雨次数概率		0.471329	0.342657	0.097902	0.037762	0.041958
10 年	降雨频率	375	177	128	36	15	16
	降雨次数概率		0.472	0.341333	0.096	0.04	0.042667

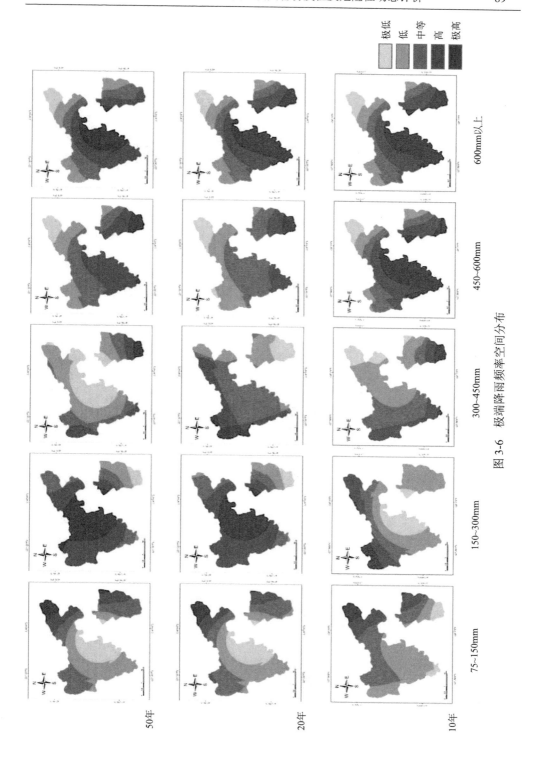

图 3-6　极端降雨频率空间分布

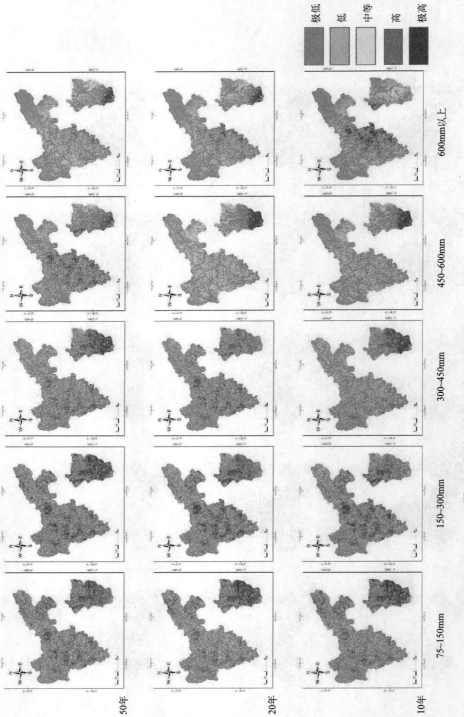

图 3-7 滑坡、崩塌地质灾害危险性动态示意图

图 3-8　泥石流危险性动态示意图

3.4.3 极端降雨诱发地质灾害危险性动态评价

1. 滑坡、崩塌灾害危险性动态评价

通化县位于整个研究区南部，分布面积 6348km²，占总面积的 9.79%。从图中可以看出典型区内崩滑地质灾害极高与高危险性主要集中在飞地及典型区坡度较高地区。随着降雨量的变化和时间尺度的变化，其主要分布规律几乎不变，高危险性区域依然集中在飞地以及县内高坡度地区。

随着降雨量的变化，可以看出研究区内极高和高危险性区域逐渐减少，但依旧围绕这坡度较陡、高程较高地区。不同降雨区间降雨频率的空间分布较为不同但是总体上极高与高危险性区域依然以典型区飞地南部高山区以及县内靠近南部较陡地区为主。

随着时间尺度的变化可以看出，危险性演变基本规律不变，不同的是某些时间段内极端降雨次数增多导致降雨频率空间分布异于其他时间尺度。其结果是该时间尺度内某一降雨量区间的危险性高于其他时间尺度内同一降雨量区间的危险性（图 3-7）。

2. 泥石流灾害危险性动态评价

通化县内现有泥石流地质灾害点 174 个。平均已有泥流地质灾害点密度为 2.89 个/100km²，为泥石流灾害高危险性区域。从图中可以看出典型区内泥石流地质灾害极高与高危险性主要集中在典型区内坡度较缓地区。随着降雨量的变化和时间尺度的变化，其主要分布规律几乎不变，高危险性区域依然集中在飞县内坡度较缓地区。

随着降雨量的变化可以看出，研究区内极高和高危险性区域逐渐减少，但依旧与围绕坡度较陡、高程较高地区呈现极高、高危险性的崩滑地质灾害不同，泥石流地质灾害极高、高危险性区域主要集中在县内中部坡度较缓地区。不同降雨区间降雨频率的空间分布较为不同但是总体上极高与高危险性区域依然以中部坡度较缓地区为主。

随着时间尺度的变化可以看出，危险性演变基本规律不变。不同的是某些时间段内极端降雨次数增加导致降雨频率空间分布异于其他时间尺度，其结果是该时间尺度内某一降雨量区间的危险性高于其他时间尺度内同一降雨量区间危险性（图 3-8）

参 考 文 献

陈曦炜, 裴志远, 王飞. 2016. 基于 GIS 的贫困地区降雨诱发型地质灾害风险评估——以湖北省恩施州为例. 地球信息科学学报, (3), 343-352.

陈张建, 张磊, 黄桦, 等. 2014. 地质灾害气象风险预报(警)产品发布系统研究与应用. 中国地质灾害与防治学报, 25(4), 129-133.

程凌鹏, 杨冰, 刘传正. 2001. 区域地质灾害风险评价研究述评. 水文地质工程地质, (3), 75-78.

单博. 2014. 基于3S技术的奔子栏水源地库区库岸地质灾害易发性评价及灾害风险性区划研究. 长春: 吉林大学: 163.

杜娟. 2012. 单体滑坡灾害风险评价研究. 武汉: 中国地质大学(武汉).

范远芳, 黄俊宝, 王国民, 等. 2015. 降雨型地质灾害风险动态评价方法探讨. 中国地质灾害与防治学报, 26(3): 107-113.

郭付三. 2014. 豫西地区金属矿山地质灾害风险评价研究. 北京: 中国地质大学: 103.

何淑军. 2009. 陕西宝鸡市渭滨区地质灾害风险评估研究. 北京: 中国地质科学院: 208.

黄俊宝. 2009. 基于GIS的地质灾害危险性模糊数学评判. 福建地质, (4), 346-351.

黄秋倩, 胡宝清, 罗琛. 2016. 遥感技术在地质灾害应用的研究分析. 广西师范学院学报(自然科学版), 33(1): 130-134.

金希. 2011. 高分辨率SAR影像裸土信息提取及土壤含水量反演初探. 杭州: 浙江大学: 76.

菊春燕. 2013. 青岛崂山风景区地质灾害风险与防控研究. 青岛: 中国海洋大学: 149.

李鸿雁, 原若溪, 王小军, 等. 2016. 吉林省泥石流易发区的降雨特征分析. 自然资源学报, 34(7): 1222-1230.

李莉. 2015. 基于随机森林模型的重庆市滑坡灾害的研究. 重庆: 重庆师范大学: 60.

刘东飞. 2016. 白龙江流域单体滑坡灾害风险评价方法研究. 兰州: 兰州大学: 72.

刘绪. 2016. 长白山天池火山喷发诱发崩塌滑坡灾害危险性评价. 长春: 吉林大学: 88.

刘长春. 2014. 三峡库区万州城区滑坡灾害风险评价. 武汉: 中国地质大学: 146.

罗高玲, 涂长红, 廖化荣. 2010. 地质灾害预警应急分析技术研究进展. 西部探矿工程, (6): 139-142.

马强. 2015. 吉林省泥石流灾害易发性分析与评价. 长春: 吉林大学: 139.

马寅生, 张业成, 张春山, 等. 2004. 地质灾害风险评价的理论与方法. 地质力学学报, 10(1): 7-17.

孟庆华. 2011. 秦岭山区地质灾害风险评估方法研究. 北京: 中国地质科学院: 163.

倪晓娇, 南颖. 2014. 基于GIS的长白山地区地质灾害风险综合评估. 自然灾害学报, 23(1): 112-120.

牛全福. 2007. 基于GIS的地质灾害风险评估方法研究. 兰州: 兰州大学: 159.

彭令, 徐素宁, 彭军还. 2016. 多源遥感数据支持下区域滑坡灾害风险评价. 吉林大学学报(地球科学版), 46(1): 175-186.

彭令. 2013. 三峡库区滑坡灾害风险评估研究. 武汉: 中国地质大学: 150.

齐信, 唐川, 陈州丰, 等. 2012. 地质灾害风险评价研究. 自然灾害学报, 21(5): 33-40.

邱海军, 崔鹏, 曹明明, 等. 2014. 基于最大熵原理的黄土丘陵区地质灾害规模频率分布研究. 岩土力学, 35(12): 3541-3549.

邱海军. 2012. 区域滑坡崩塌地质灾害特征分析及其易发性和危险性评价研究. 西安: 西北大学: 175.

史明远. 2016. 北京市南窖小流域泥石流灾害预测预警研究. 长春: 吉林大学: 153.

唐亚明, 张茂省, 李政国, 等. 2015. 国内外地质灾害风险管理对比及评述. 西北地质, 48(2): 238-246.

王佳佳. 2015. 三峡库区万州区滑坡灾害风险评估研究. 中国地质大学: 166.

王磊. 2015. 山区城镇地质灾害危险性评价方法研究., 北京: 中国地质科学院: 136.

王利. 2014. 地质灾害高精度 GPS 监测关键技术研究. 西安: 长安大学: 169.

韦仕川, 栾乔林, 黄朝明, 等. 2014. 地质灾害防治的土地利用规划软措施研究综述及展望. 自然灾害学报, 23(3): 159-165.

闻绍毅, 李洋. 2014. 地质灾害防灾减灾技术研究现状及发展综述. 地质与资源, 23(3): 296-300.

吴树仁. 2006. 突发地质灾害研究某些新进展. 地质力学学报, 12(2): 265-273.

谢煜. 2013. 文县地质灾害特征及其风险评价. 兰州: 兰州大学: 63.

徐继维, 张茂省, 范文. 2015. 地质灾害风险评估综述. 灾害学, 30(4): 130-134.

徐健铭. 2015. 汶川县映秀镇地质灾害风险评价. 成都: 成都理工大学: 63.

张雪峰. 2011. 区域性山地环境的地质灾害风险评价研究. 成都: 成都理工大学: 116.

张以晨. 2012. 吉林省地质灾害调查与区划综合研究及预报预警系统建设. 长春: 吉林大学: 145.

赵海卿, 李广杰, 张哲寰. 2004. 吉林省东部山区地质灾害危害性评价. 吉林大学学报(地球科学版), 34(1): 119-124.

朱海波. 2016. 冰碛湖泥石流灾害：危险性评价与数值模拟. 长春: 吉林大学: 137.

Abdulwahid W M, Pradhan B. 2017. Landslide vulnerability and risk assessment for multi-hazard scenarios using airborne laser scanning data (LiDAR). Landslides, 14(3): 1057-1076.

Akgun A. 2012. A comparison of landslide susceptibility maps produced by logistic regression, multi-criteria decision, and likelihood ratio methods: a case study at İzmir, turkey. Landslides, (9): 93-106.

Alessandro Trigila, C. I. C. E. 2015. Comparison of logistic regression and random forests techniques for shallow landslide susceptibility assessment. Geomorphology, 249: 119-136.

Catani F, Lagomarsino D, Segoni S, et al. 2013. Landslide susceptibility estimation by random forests technique: sensitivity and scaling issues. Natural Hazards and Earth System Science, (13): 2815-2831.

Feizizadeh B, Roodposhti M S, Jankowski P, et al. 2014. A gis-based extended fuzzy multi-criteria evaluation for landslide susceptibility mapping. Computers & Geosciences, (73): 208-221.

Felicísimo Á M, Cuartero A, Remondo J, et al. 2013. Mapping landslide susceptibility with logistic regression, multiple adaptive regression splines, classification and regression trees, and maximum entropy methods: a comparative study. Landslides, (10): 175-189.

Isaza-Restrepo P A, Martínez Carvajal H E., Hidalgo Montoya C A. 2016. Methodology for quantitative landslide risk analysis in residential projects. Habitat International, (53): 403-412.

Jebur M N, Pradhan B, Tehrany M S. 2014. Optimization of landslide conditioning factors using very high-resolution airborne laser scanning (LiDAR) data at catchment scale. Remote Sensing of Environment, (152): 150-165.

Kayastha P, Dhital M R, de Smedt, F. 2013. Application of the analytical hierarchy process (AHP) for landslide susceptibility mapping: a case study from the tinau watershed, west nepal. Computers & Geosciences, (52): 398-408.

Lee Y, Chi Y. 2011. Rainfall-induced landslide risk at lushan, taiwan. Engineering Geology, (123): 113-121.

Listo F D L R, Carvalho Vieira B. 2012. Mapping of risk and susceptibility of shallow-landslide in the city of são paulo, brazil. Geomorphology, (169-170): 30-44.

Lombardo L, Bachofer F, Cama M, et al. 2016. Exploiting maximum entropy method and aster data for assessing debris flow and debris slide susceptibility for the giampilieri catchment (North-Eastern Sicily, Italy). Earth Surface Processes and Landforms, (41): 1776-1789.

Martha T R, van Westen C J, Kerle N, et al. 2013. Landslide hazard and risk assessment using semi-automatically created landslide inventories. Geomorphology, (184): 139-150.

Osna T, Sezer E A, Akgun A. 2014. Geofis: an integrated tool for the assessment of landslide susceptibility. Computers & Geosciences, (66): 20-30.

Peng L, Niu R, Huang B, et al. 2014. Landslide susceptibility mapping based on rough set theory and support vector machines: a case of the three gorges area, China. Geomorphology, (204): 287-301.

Pham B T, Pradhan B, Tien Bui D., et al. 2016. A comparative study of different machine learning methods for landslide susceptibility assessment: a case study of uttarakhand area (India). Environmental Modelling & Software, (84): 240-250.

Pradhan B, Lee. S. 2010. Landslide susceptibility assessment and factor effect analysis: backpropagation artificial neural networks and their comparison with frequency ratio and bivariate logistic regression modelling. Environmental Modelling & Software, (25): 747-759.

Sezer E A, Nefeslioglu H A, Osna T. 2017. An expert-based landslide susceptibility mapping (LSM) module developed for netcad architect software. Computers & Geosciences, (98): 26-37.

Shahabi H, Hashim M. 2015. Landslide susceptibility mapping using gis-based statistical models and remote sensing data in tropical environment. Sci Rep, (5): 9899.

Teerarungsigul S, Torizin J, Fuchs M, et al. 2016. An integrative approach for regional landslide susceptibility assessment using weight of evidence method: a case study of Yom River Basin, Phrae Province, Northern Thailand. Landslides, (13): 1151-1165.

Tien Bui D, Tuan T A, Klempe H, et al. 2016. Spatial prediction models for shallow landslide hazards: a comparative assessment of the efficacy of support vector machines, artificial neural networks, kernel logistic regression, and logistic model tree. Landslides, (13): 361-378.

Tsangaratos P, Ilia I, Hong H, et al. 2016. Applying information theory and gis-based quantitative methods to produce landslide susceptibility maps in Nancheng County, China. Landslides, .

Vega J A, Hidalgo C A. 2016. Quantitative risk assessment of landslides triggered by earthquakes and rainfall based on direct costs of urban buildings. Geomorphology, (273): 217-235.

第4章　极端降雨诱发吉林省东南部山区地质灾害风险评价与区划研究

　　我国国土面积辽阔,地形复杂多样。据统计,我国的山地约占全国土地总面积的 33%,高原占 26%,盆地占 19%,平原占 12%,丘陵占 10%。如果把高山、中山、低山、丘陵和崎岖不平的高原都包括在内,那么中国山区的面积要占全国土地总面积的 2/3 以上。山地具有相对复杂的地质结构,因此往往是地质灾害的易发区。伴随着全球气候变化,"持续强降雨"、"大暴雨"、"持续干旱后降雨"等极端气象频繁出现,尤其是极端降雨事件诱发的地质灾害给山区带来极大的隐患,如何应对极端降雨诱发的地质灾害对山区造成的影响,已成为我国目前需要解决的急迫问题。

　　山区地质灾害是指在山区范围内由于地质作用斜坡体所处的地质环境产生突发的或渐进的破坏,并造成公路损毁或人类生命财产损失的现象和事件,它同时具有自然属性和社会属性,两种属性对立统一而形成山区地质灾害灾情(潘学标和郑大玮,2010)。因此,研究地质灾害活动规律,并对其进行防控就需要从上述两个基本属性入手。当前情况下迫切需要结合吉林省东南部山区的实际情况,对极端降雨诱发山区地质灾害类型及特征进行调查分析,研究极端降雨诱发山区地质灾害的发生条件及规律,并对各主要地区进行地质灾害风险评价和区划。旨在探索一套切实可行的、服务于山区范围的地质灾害风险评价理论与方法体系,并以吉林省通化县为例进行滑坡、崩塌和泥石流地质灾害风险评价。本研究可为受地质灾害威胁的地区建立监测网络、制定应急措施并保障生命和财产安全提供工作基础,具有重要的学术价值和现实意义。

　　吉林省地质环境较为复杂,特别是东南部山区,每年汛期地质灾害频发。其主要类型包括崩塌、滑坡、泥石流和地面塌陷等。地质灾害平均每年造成的经济损失数以千万。2010 年吉林省受极端异常天气影响,汛期地质灾害发生数量是以往 30 年的总和,因地质灾害死亡 9 人,经济损失 7.9 亿元。地质灾害严重威胁群众生命财产安全,影响国民经济发展。吉林省从 2000 年开始对处于地质灾害易发区的县(市)开展了地质灾害调查与区划工作,目前该项工作已经接近尾声。开展全省地质灾害调查与风险区划综合研究工作,能够探索吉林省地质灾害的时空演变规律，为地质灾害防治和汛期地质灾害预报预警系统建设提供基础资料，为省委、省政府防治地质灾害做出正确决策提供科学依据。因此开展该项工作是十分必要的，具有重要的意义。

4.1　研究区概况与数据来源

4.1.1　研究区概况

通化县隶属于吉林省通化市，位于吉林省南部，地处长白山南麓，浑江中游，东与白山市交界，西与辽宁省新宾县和桓仁县毗邻，南与集安市接壤，北与柳河县相连，全境环绕通化市区，下辖 10 镇 5 乡，共有 160 个行政村，是具有悠久历史的文化县城。东西最长处 96km，南北最宽处 83.3km，辖区面积 3726.5km² (2009年)，总人口为 247225 人 (2010 年)，2013 年，通化县地区生产总值达到 126 亿元。

通化县属山地，地处长白山西南部。东部、东南部地势高，最高处在石湖乡大东岔与十七道沟间的东老土顶子，海拔 1589m；西部、西南部低，最低处在大泉源乡江口村，海拔 288m，最高点与最低点比差为 1301m。研究区全境海拔 300～1200m，其中山地占全面积的 72%，海拔 600～1500m；河谷平原占 28%，海拔 300～600m。通化县境内地表水属鸭绿江水系浑江水域，共有大小河流 626 条，最长者径流 80km，最短者径流仅 1km。主干流（一级河流）为浑江，二级河流 18 条（直接注入浑江），三级河流 199 条（注入二级河流），四级河流 123 条（注入三级河流）。其中三、四级河流多数径流短、水流急、水量足、落差大；少数河流为内漏河，有雨时水流洪大，无雨时涓水潺潺或呈干涸状。

通化县政府驻快大茂镇，自然资源得天独厚，盛产驰名中外的人参、貂皮、鹿茸。森林茂盛，总体森林覆盖率较高，野生动物种类繁多。矿藏有铜、石墨、磷、硅石、石膏以及镍、锌、金等。工业有制药、建材、电力、化肥、造纸、酿酒、饮料加工及采矿等。农业生产稻谷、玉米、大豆等，经济作物主要有烟草、园参、油料等，特产哈士蟆油。山葡萄产量大，是通化葡萄酒的主要原料产地之一。英额布水库和湾湾川水电站之间有一条"人参之路"，为游览胜地。

4.1.2　数据来源

气象数据来自吉林省气象局，选取吉林省通化市通化县境内以及其周边县级市的气象站点的 1950～2010 年的逐日降雨量数据并进行处理；社会经济数据来自《吉林省统计年鉴 2011》、《中国县域统计年鉴（乡镇卷）2014》，收集并统计研究区内各个县的人口及其分布、素质，人均 GDP、各产业分布及占比等数据；地质数据来自实地调查以及吉林省环境监测总站的通化地区地质灾害调查报告，包括泥石流灾害历史灾情的统计资料和研究区域内部的地层、岩性等分布并将其进行数字化处理；遥感数据来自对通化地区 1：5 万航拍遥感影像图进行目视解译，获取研究区内土地利用情况，MODIS MOD13A1 植被指数合成产品用来获取研究区内植被覆盖情况以及通过处理通化市 GDEMV2 30m 数字高程数据以获取研究区内坡度、地形地貌等数据并进行数字化。

4.2　理论依据与研究方法

4.2.1　理论依据

根据自然灾害风险形成四要素学说（图 4-1），地质灾害风险是地质灾害危险性（hazard）、暴露（exposure）或承灾体、承灾体的脆弱性或易损性（vulnerability）和防灾减灾能力（emergency response & recovery capability）共同影响的结果。可表达为：地质灾害风险度=危险性（度）×暴露（受灾财产价值）×脆弱性（度）×防灾减灾能力（张继权等，2006）。

地质灾害风险是在特定时空环境条件下，由于地质灾害风险因素的不确定性，在某一区域内以上四个因素同时具备的概率。基于对自然灾害风险形成机制和地质灾害综合风险机制的分析，地质灾害风险评价包括对地质灾害危险性评价、暴露性评价、脆弱性评价、防灾减灾能力评价四个方面。

自然灾害危险性，是指造成灾害的自然变异的程度，主要是由灾变活动规模（强度）和活动频次（概率）决定的。一般灾变强度越大，频次越高，灾害所造成的破坏损失越严重，灾害的风险也越大。

暴露或承灾体，是指可能受到危险因素威胁的所有人和财产，如人员、牲畜、房屋、农作物、生命线等。一个地区暴露于各种危险因素的人和财产越多即受灾财产价值密度越高，可能遭受潜在损失就越大，灾害风险越大。

承灾体的脆弱性或易损性，是指在给定危险地区存在的所有财产由于潜在的危险因素而造成的伤害或损失程度，其综合反映了自然灾害的损失程度。一般承灾体的脆弱性或易损性越低，灾害损失越小，灾害风险也越小，反之亦然。承灾体的脆弱性或易损性的大小，既与其物质成分、结构有关，也与防灾力度有关。

防灾减灾能力表示受灾区在长期和短期内能够从灾害中恢复的程度，包括应急管理能力、减灾投入、资源准备等。防灾减灾能力越高，可能遭受潜在损失就越小，灾害风险越小。

综上所述，区域自然灾害风险是危险性、暴露性、脆弱性和防灾减灾能力四个因素相互综合作用的产物。通过考虑灾害的主要原因、灾害风险的条件和承灾体的脆弱性等与灾害风险及其管理密切相关的关键问题全面和综合地概括灾害管理过程的各个环节，并且弥补其缺欠或薄弱环节，采取全面的、统一的和整合的减灾行动和管理模式是非常必要和有效的。

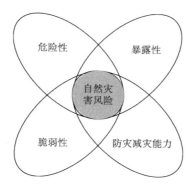

图 4-1　自然灾害风险四要素示意图

4.2.2　研究方法

1. 灾害风险评价指数法

自然灾害风险度的数学计算公式可以表示如下

$$RI = H \times E \times V \times R \tag{4-1}$$

其中，RI 为自然灾害风险度；H 为自然灾害危险性，它是指造成灾害的自然变异的程度，主要由灾变活动规模（强度）和活动频次（概率）决定；E 为承灾体的暴露度，是指可能受到危险因素威胁的所有人和财产，如人、牲畜、耕地、房屋等，一个地区暴露在各种危险因素的人和财产越多，即受灾财产价值密度越高，可能遭受潜在损失就会越大，灾害的风险越大；V 为承灾体的脆弱度，是承灾体的内在属性，是指在给定危险地区存在的任何财产由于潜在危险因素而可能造成的损失程度，承灾体的脆弱度越大，灾害损失越大，灾害风险也越大；R 衡量的是研究区内部的防灾减灾能力，表示受灾的地区在长期和短期内能够从灾害中恢复的程度，包括了应急管理能力、减灾投入、资源准备等，防灾减灾能力越高，则可能遭受损失越小，灾害风险越小。

2. 加权综合评价法

在一个多指标的评价体系中，我们需要首先构建一个评价指标体系，对各个评价指标进行无量纲化处理并确定各个评价指标的权重，建立综合的评价模型。加权综合评价法就是将多个评价指标通过算法进行合成，从而得出综合的评价结

果，其公式如下

$$P = \sum_{i=1}^{n} R_i \times W_i \tag{4-2}$$

其中，P 为指标综合影响指数；R_i 为第 i 个指标经过标准化处理后的值；W_i 为第 i 个指标的权重值。

3. 熵值法

熵值法的基本思路是根据指标变异性的大小来确定客观权重。

一般来说，若某个指标的信息熵 E_j 越小，表明指标值的变异程度越大，提供的信息量越多，在综合评价中所能起到的作用也越大，其权重也就越大。相反，某个指标的信息熵 E_j 越大，表明指标值的变异程度越小，提供的信息量也越少，在综合评价中所起到的作用也越小，其权重也就越小。

熵值法分为 3 个步骤：

1）数据标准化

将各个指标的数据进行标准化处理。

假设给定了 k 个指标 $X_1, X_2, \cdots, X_k$，其中 $X_i = \{X_1, X_2, \cdots, X_n\}$。假设对各指标数据标准化后的值为 $Y_1, Y_2, \cdots, Y_k$，那么

$$Y_{ij} = \frac{X_{ij} - \min(X_i)}{\max(X_i) - \min(X_i)} \tag{4-3}$$

2）求各指标的信息熵

根据信息论中信息熵的定义，一组数据的信息熵为

$$E_j = -\ln(n)^{-1} \sum_{i=1}^{n} p_{ij} \ln p_{ij} \tag{4-4}$$

其中

$$P_{ij} = {Y_{ij}} \Big/ {\sum_{i=1}^{n} Y_{ij}} \tag{4-5}$$

如果 $P_{ij}=0$，则定义

$$\lim_{P_{ij} \sim 0} P_{ij} \ln P_{ij} = 0 \tag{4-6}$$

3）确定各指标权重

根据信息熵的计算公式，计算出各个指标的信息熵为 E_1，E_2，$\cdots$，E_k。通过信息熵计算各指标的权重：

$$W_i = \frac{1 - E_i}{k - \sum E_i} \quad (i=1,2,\cdots,k) \tag{4-7}$$

4.3　泥石流灾害风险评价与区划研究

4.3.1　泥石流灾害风险评价概念模型的构建

　　基于自然灾害风险的形成机理，选择危险性（H）、暴露性（E）、脆弱性（V）和防灾减灾能力（R）等四个因子来进行泥石流灾害风险评价。通过分析相关研究成果与实地调研分析，其中危险性主要从水文地质、环境地质、工程地质、生态地质和现状灾害特点等方面分析；承灾体暴露性与脆弱性主要从人口与经济暴露度及其脆弱度进行分析；防灾减灾能力主要从相关政策法规、防灾物资、减灾规划与灾害预报情况进行分析，构建出泥石流灾害风险评价概念模型（图 4-2）。

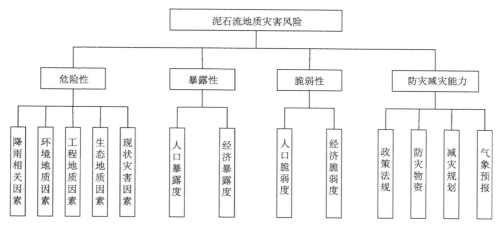

图 4-2　泥石流灾害风险评价概念模型框架图

4.3.2　泥石流灾害风险评价指标体系确定

　　通化县地质环境背景具有差异性，地质灾害种类与地质灾害发育强度（地质灾害点密度）具有一定的规律性。从区域上，地质灾害主要分布在老岭山脉北麓和龙岗山脉南麓，多集中分布，具有明显的群发性。区内的地质灾害历史较久，各类地质灾害具有群发性、重复性、伴生性等特征。

　　基于自然灾害风险评价理论与泥石流灾害的成灾机理，结合文献阅读、实地调研和数据收集的情况，共选择表中的 29 个指标，建立泥石流灾害风险评价指标体系（表 4-1）。整个指标体系分为目标层、因子层、准则层和指标层，并利用层次分析法计算出各指标的权重。

表 4-1　泥石流灾害风险评估指标体系

目标层	因子层	准则层	指标层	权重
泥石流地质灾害风险指数	危险性（H）0.4338	水文地质因素	连续降雨日数/H1	0.1832
			7~9 月份有效降雨量/H2	0.1673
			距水系的距离/H3	0.0419
			地表径流大小/H4	0.0108
		环境地质因素	高程/H5	0.0234
			地层岩性/H6	0.0569
			距地质构造的距离/H7	0.0458
			坡向/H8	0.0453
			坡度/H9	0.026
			地表曲率/H10	0.0384
		工程地质因素	岩土体类型/H11	0.0578
		生态地质因素	植被覆盖度/H12	0.039
			土地利用类型/H13	0.0494
		现状灾害因素	灾害点规模/H14	0.0376
			现状地质灾害点发生频率/H15	0.0805
			灾害点密度/H16	0.0967
	暴露性（E）0.1239	人口暴露度	人口密度/E1	0.085
		经济暴露度	人均 GDP/E2	0.1503
			耕地面积/E3	0.4813
			路网密度/E4	0.1606
			建筑用地面积/E5	0.1228
	脆弱性(V)0.1080	人口脆弱度	老幼人口比例/V1	0.2395
		经济脆弱度	农业总产值/V2	0.2373
			播种面积/V3	0.5232
	防灾减灾能力(R)0.3343	政策法规	政府防灾资金投入/R1	0.3356
			减灾防灾预案的制定/R2	0.1645
		防灾物资	大型清障设备数量/R3	0.0453
		减灾规划	监测点数量/R4	0.2502
		预警预报	地质灾害预报预警准确率/R5	0.2043

4.3.3　泥石流灾害风险评价模型构建

利用自然灾害风险指数法和加权综合评价法，建立泥石流灾害风险指数，用以表征泥石流灾害风险程度，具体计算公式如下：

$$DFRI = H^{W_H} \times E^{W_E} \times V^{W_V} \times [1-R]^{W_R} \tag{4-8}$$

$$H = \sum_{i=1}^{n=16} X_{Hi} W_{Hi} \tag{4-9}$$

$$E = \sum_{i=1}^{n=5} X_{Ei} W_{Ei} \tag{4-10}$$

$$V = \sum_{i=1}^{n=3} X_{Vi} W_{Vi} \tag{4-11}$$

$$R = \sum_{i=1}^{n=5} X_{Ri} W_{Ri} \tag{4-12}$$

式中：DFRI 是泥石流灾害风险指数，其值越大代表泥石流灾害风险越大；H、E、V、R 的值分别表示泥石流灾害危险性、暴露性、脆弱性和防灾减灾能力因子指数；W_H、W_E、W_V、W_R 分别为泥石流灾害的危险性、暴露性、脆弱性和防灾减灾能力因子所占权重；X_i 表示各评价指标的量化值；W_i 为各评价指标的权重系数。H、E、V、R 评价因子的选取结合了研究区的社会、经济和环境状况，分成目标层、准则层、指标层，并利用加权综合评价法计算出各指标的权重。

4.3.4　泥石流灾害风险评价与区划

1. 风险因子评价研究

1）危险性评价

基于表 4-1 中泥石流灾害危险性各子因子和 ArcGIS 10.2 软件平台，得到区域泥石流灾害危险性评价结果图（图 4-3），并将其分为极低危险性、低危险性、中危险性、高危险性和极高危险性等五个等级。由图 4-3 可知，研究区域内的泥石流灾害危险性等级整体较高，尤其是通化县中西部地区、南部地区和东北部地区。此外，通化县飞地的西部地区泥石流灾害危险性也较高。

究其原因，区域内部的环境、地质、生态和灾害发生现状条件都较为复杂，进而导致区域内泥石流灾害危险性较高。研究区域地处长白山西南部，东部、东南部地势高，西部、西南部低，最高点与最低点比差 1051.1m。地势在海拔 300～1200m 之间的山地占全区的 72%，区内诸山属长白山脉西南余支的龙岗、老岭两条主干，龙岗盘桓于区内北缘，老岭位于区内东南部。区内地貌类型以中低山为主体，间有山间河谷平原。在河流沿岸微地貌常呈陡崖或陡坡，山间沟谷密集，坡降较大。

泥石流是研究区内较为发育的地质灾害之一，灾害点较多，规模以小型为主，危害对象主要是农田、公路、房屋，有时还造成人员伤亡。主要分布在兴林、英额布、富江、东来、江甸、四棚六个乡镇，水系上多数分布在浑江一级支流的哈泥河、小罗圈河上游，以及浑江二级支流的蝲蛄河及其一级支流，富尔江一级支

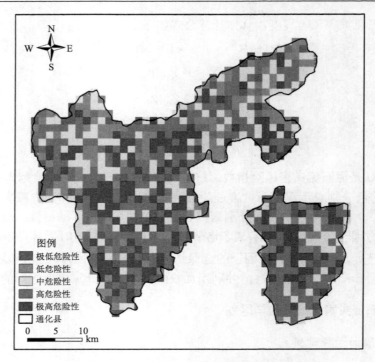

图 4-3　通化县泥石流灾害危险性评价图

流。依据泥石流形成的地貌条件划分，区内泥石流属沟谷型泥石流和河谷型泥石流。沟谷型泥石流，占泥石流点总数的 37.04%，多分布在季节性流水的沟谷中，泥沙补给途径以面蚀为主，扇形地完整性较好，一般在 60%以上，扇长多在 100～500m，扇宽一般为 50～100m，扩散角多在 25°左右，不挤压大河，危害对象主要是农田、公路、房屋，甚至造成人员伤亡。河谷型泥石流多分布在浑江及其二、三级支流的河谷中，占泥石流点总数的 60.49%，类型为水石流，泥沙补给途径以面蚀和沟底再搬运为主，扇形地完整性较差，一般小于 40%，扇长多大于 500m，扇宽 50m 左右，扩散角多小于 25°，少部分挤压大河，主流有偏移，危害对象主要是农田、公路、房屋、输电线路和通信线路等。

根据对本区泥石流调查统计分析，泥石流分布区多为碎裂状较软花岗岩强风化岩组分布区，这类岩体分布区占泥石流点总数的 53.09%，其表层风化成碎裂结构或散体结构，易被冲蚀，是形成泥石流物源条件。

地形地貌上，区内泥石流主要分布在中低山区与山间河谷的过渡地段，浑江、富尔江河的二、三级支流上游沟谷中或沟谷两侧，沟谷型泥石流主沟坡降多大于200‰，河谷型泥石流沟谷两侧山坡坡度为 35°～50°，流域面积均 1km² 左右，相对高差以 50～100m 为主，冲沟横断面形态呈"V"型，易于汇水，本区泥石流均为沟谷型泥石流。

泥石流分布区多有地质构造分布。在地质构造发育区，各种断层纵横交错，构造密度大的区域，泥石流点分布多；地质构造密度小的区域，泥石流点分布少。从地质构造单元分区图上看，位于三、四级构造单元分界线附近的泥石流点分布多，即铁岭-靖宇台拱与太子河-浑江陷褶断束三级构造区界线附近及样子哨凹椭断束与龙岗山断块、清河台穹与浑江上游凹断束、浑江上游凹断束与老岭断块四级构造单元分界线附近的泥石流点分布较密；而远离构造单元分界线且地质构造密度小的区域，泥石流点分布少。构造发育地区，岩石风化破碎强烈，间接为泥石流提供了较丰富的物源。

区内泥石流水动力类型均为暴雨型，影响区内泥石流形成的水源主要来自大气降水，按其在泥石流形成过程中的影响形式，又可划分为大气降水、地表水和地下水。

大气降水是本区形成泥石流的主要水动力条件，也是泥石流的物质组成。该区属大陆性季风气候，年最大降水量为 1217.1mm，日最大降水量为 139.7mm，最大 1h 雨强为 90mm，最大 10 min 雨强为 20mm。大气降水主要集中在 7～9 月，常出现暴雨和连续降雨，易诱发泥石流的形成。如 2005 年 8 月 13 日马当乡境内的通化铜矿突降暴雨，在 1h40min 之内降雨量达 162mm，造成该矿及其周围发生多处泥石流。

风向对泥石流分布具有一定的影响，通过对区内泥石流点统计分析，受当地夏季多西南风、大风风向南南西影响，泥石流大多数分布在迎风坡，分布于山坡南侧（90°～270°）的泥石流点占泥石流点总数的 85.87%；分布于山坡北侧（>270°与<90°）的泥石流点占泥石流点总数的 14.13%；其中分布于山坡正南侧（135°～225°）的泥石流点占泥石流点总数的 52.17%。当泥石流表现为群发，泥石流主沟呈东西向展布时，分布于山坡南侧的泥石流支沟明显多于山坡北侧的泥石流支沟，且南侧的泥石流规模大于北侧的泥石流。同时，山坡北侧泥石流类型以泥石流为主，山坡南侧的泥石流类型以水石流为主。

本区大面积分布的风化带网状裂隙水，主要接受大气降水补给，大气降水使松散固体物质中的天然含水量增加，土体内聚力和内摩擦角减小，力学强度降低，使原本处于平衡状态的山体上部土体产生崩塌、滑落。大气降水的入渗使地下水位抬升，地下水径流速度加快，土体结构发生改变，内聚力减小，易被洪水带走。本区泥石流多无常年水流，多是雨后暂时性水流，由于沟谷坡降较大，所以，大气降水泄入沟谷后形成洪流，水流速度快，对山坡上松散固体物质具有很强的溅蚀、冲刷、搬运能力。

同时，区内森林过度采伐，使原本由树木根系固结的松散固体物质，由于树木根系的腐烂而疏松，甚至失稳，土体的水源涵养能力大大降低，加大了采伐区雨后的洪峰流量，促使泥石流的形成。另外，区内坡耕地比例较大，耕种造成土体结构松散，易被冲蚀，形成泥石流物源。

　　修路及采石等大量切坡活动，人为地加大了边坡坡度，尤其是影响了土体边坡的稳定性。修路采石的大量弃渣堆积于斜坡上，特别是采石后形成的废土和弃渣，多堆积于沟谷中，一旦暴雨形成大的洪峰，废土及弃渣将被洪流向下游搬运，形成泥石流。在通化铜矿、七道沟铁矿等矿山，尾矿堆放于沟谷中，成为人为泥石流物源。

　　综上所述，区域内大部分地区泥石流灾害危险性都较高，泥石流灾害发生的条件较为充足，有较高的灾害发生概率。

　　2）暴露性评价

　　基于表中 4-1 泥石流灾害暴露性各子因子和 ArcGIS 10.2 软件平台，得到区域泥石流灾害暴露性评价结果图（图 4-4），并将其分为极低暴露性、低暴露性、中暴露性、高暴露性和极高暴露性等五个风险暴露性等级。由图 4-4 可知，研究区域内泥石流灾害风险暴露性总体上分布在通化县东南部和北部，在通化县飞地上暴露性较低。极高暴露性主要分布在通化县江甸镇、大泉源朝鲜族乡以及北部的光华镇。通化县飞地大部分处于极低暴露性。

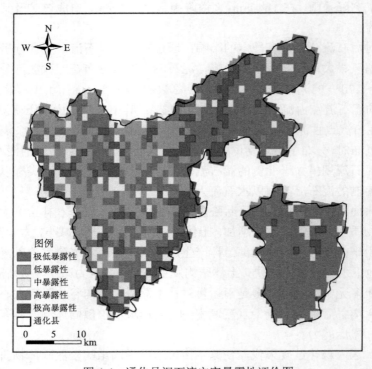

图 4-4　通化县泥石流灾害暴露性评价图

通过分析，在前面提到暴露性的主要影响因子分为人口暴露度和经济暴露度，评价因子的选择为人口密度、人均 GDP、耕地面积、路网密度和建筑用地面积。这些高暴露性的地区是通化县域内人口的主要聚集区，是人类居住和经济活动的主要区域，经济价值和固定资产价值都比较高。在通化县和通化县飞地之间是通化市区，该区域的人口活动程度高，因此通化县东南部地区的通化县城、江甸镇灾害风险暴露性较高是合理的，北部的光华镇也是通化县主要的人口聚集地，该地区的人口较为密集，公路网密布，耕地和建筑用地较为集中，人口和经济暴露度较高。在通化县内其他区域分散地分布着其他乡镇，因此通化县内大部都具有一定的灾害暴露度，但是相比于东南部和北部则较低。在通化县飞地区域主要有果松镇和七道沟镇，这两镇较为集中，具有一定的暴露性，在暴露性评价图上也有体现。而飞地内其他区域绝大部分为林地，既无公路网也无耕地和城镇建筑用地，因此暴露性评价值极低。

3）脆弱性评价

基于表 4-1 中泥石流灾害脆弱性各子因子和 ArcGIS 10.2 软件平台，得到区域脆弱性评价结果图 4-5，并将其分为极低脆弱性、低脆弱性、中脆弱性、高脆弱性和极高脆弱性等五个泥石流风险脆弱性等级。由图4-5可知，研究区域内泥

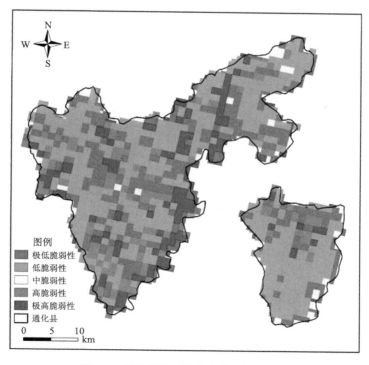

图 4-5　通化县泥石流灾害脆弱性评价图

石流灾害脆弱地区总体分布在通化县城、东南部的江甸镇、北部的光华镇和西部的三棵榆树镇。通化县飞地内的果松镇和七道沟镇脆弱性也较高。通化县以及通化县飞地其他区域的脆弱性都较低。

脆弱性评价主要分为人口脆弱度和经济脆弱度，评价指标为老幼人口比例、农业总产值和播种面积。如图所示，脆弱性高的地区，如通化县城、东南部江甸镇和北部光华镇，这些地区的特点是农业生产占比较大，主要经济来源为种植业，耕地占用面积大，一旦发生泥石流灾害，这些地区的农业容易遭受较为严重的损失。同时，区域内人口组成中老龄和幼龄人口占比较高，在泥石流灾害中老幼人口相比于成年人生命更易受到威胁，为灾害高危人群，因此老幼人口占比高的地区人口脆弱度较高。通化县飞地的果松镇和七道沟镇同样是具有中高脆弱性的地区，因为该地区老幼人口比例和农业总产值都较高，都以播种业为主要生产方式，因此导致区域脆弱性等级较高。

4）防灾减灾能力评价

防灾减灾能力主要评价防灾减灾的政策法规、防灾物资、减灾规划和灾害的预警预报能力。基于 ArcGIS 10.2 软件平台，得到区域防灾减灾能力评价结果图 4-6，并将其分为极低防灾能力、低防灾能力、中防灾能力、高防灾能力和极高防灾能力等五个风险防灾减灾能力等级。

结合实际情况调查，研究区域中防灾减灾能力分布较为均匀，各乡镇都具有一定的防灾减灾能力。防灾减灾能力较高的地区有通化县城和中西部英额布镇。防灾减灾能力低的地区主要为一些人烟罕至的地区。

泥石流灾害风险评价指标体系中防灾减灾能力的评价指标主要是政府资金投入、应急预案的制定程度、清障设备和监测点的布置与地质灾害预警系统准确率等五个方面。防灾减灾能力评价区划图展示了在整个研究区域内没有缺乏防灾减灾能力的地区，各个乡镇均具备一定的能力抵抗泥石流灾害，这说明政府在整个区域内部的防灾资金投入和应急预案的制定上都是较为完善的。临时清障设备和监测点的布置也都能基本覆盖区域内地质灾害发生所可能影响的区域。通化县城和英额布镇的防灾能力较为突出的主要原因在于两镇的行政地位较高，优先于区域内其他城镇，政府资金投入和应急预案的制定有一定的偏向性。通化县飞地的防灾减灾能力也体现在果松镇和七道沟镇的周边地区，这些地区的地质环境复杂，乡村分布稀疏，一旦灾害发生可能造成严重后果，因此值得进一步加强防灾减灾能力。飞地其他地区人烟稀少，没有公路网分布，防灾减灾能力也相应降低。通化县区域内的一些防灾减灾能力低的乡村，亟需进一步加强防灾资金投入和应急预案的完善，切实保障人们的生命和财产安全。

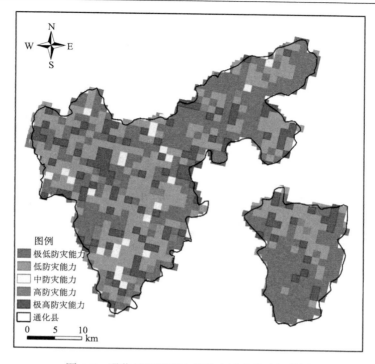

图 4-6　通化县泥石流灾害防灾减灾能力评价图

2. 泥石流灾害风险评价与区划研究

基于自然灾害风险形成理论，应用式（4-8），得到研究区域泥石流灾害风险评价图（图 4-7），并将其分为五个泥石流灾害风险等级。分析其构成组分可知，极低风险区占比 46.37%，低风险区占比 12.71%，中风险区占比 13.05%，高风险区占比 11.51%，极高风险区占比 16.36%（图 4-8）。从图 4-7 中可得，研究区内泥石流灾害高风险区主要分布在通化县中部区域和南部区域，通化县飞地的北部泥石流灾害风险也较高。通过单因子分析，英额布镇、果松镇、七道沟镇等地由于复杂的地质环境、众多的人口聚集和较高的经济水平导致这些地区泥石流灾害的危险性、暴露性和脆弱性都偏高，虽然这些地区的防灾应急设备和资金、监测点以及防灾预案等措施强于其他地区，仍然不能对泥石流灾害发生的可能予以轻视，应完善现有的防灾减灾设施，提高居民的防灾意识，尽量减少泥石流灾害带来的损失和伤亡。

值得重点关注的是通化县域内一些偏远地区的泥石流灾害风险。例如东北部的光华镇、西北部的富江乡、四棚乡等地，这些地区经济不发达，主要依靠种植业为主要经济来源，经济较为脆弱，防灾减灾各方面能力还不够完善，这些地区一旦发生灾害很有可能造成严重后果,对此政府应尽快优化各项防灾措施和政策,加大投入防灾资金,备好防灾清障设备和建立监测点防控网络,随时监控灾情的发生情况,并建立有效的灾害预警预报系统,及时提供灾害预警预报信息,使人民群众有足够的时间迁移,保障生命和财产安全。

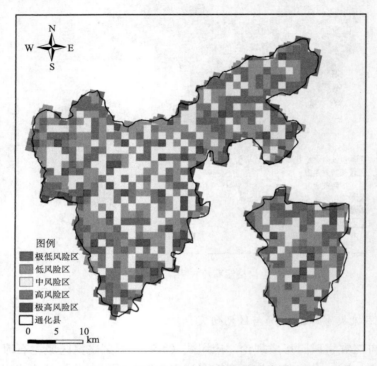

图 4-7　通化县泥石流灾害风险评价图

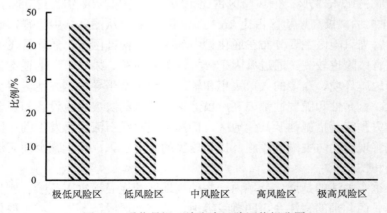

图 4-8　通化县泥石流灾害风险评价组分图

4.4　崩塌、滑坡灾害风险评价与区划研究

4.4.1　崩塌、滑坡灾害风险评价概念模型构建

　　基于自然灾害风险评价理论，从危险性、暴露性、脆弱性和防灾减灾能力评价四个方面来分析崩塌、滑坡地质灾害风险。通过分析相关研究成果，其中危险性主要从水文地质、环境地质、工程地质、生态地质和现状灾害特点等方面分析；承灾体暴露性与脆弱性主要从人口与经济暴露度及其脆弱度进行分析；防灾减灾能力主要从相关政策法规、防灾物资、减灾规划与灾害预报情况进行分析，构建出崩塌、滑坡灾害风险评价概念模型（图 4-9）。

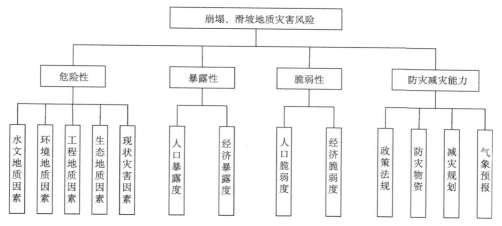

图 4-9　崩塌、滑坡灾害风险评价概念模型框架图

4.4.2　崩塌、滑坡灾害风险评价指标体系确定

　　基于自然灾害风险评价理论与崩塌、滑坡灾害的成灾机理，结合区域地质灾害现状发育因素、地质环境条件因素、人类工程活动因素和社会经济发展因素，从危险性、暴露性、脆弱性和防灾减灾能力评价四个方面构建了崩塌、滑坡灾害风险评价指标体系，体系分为目标层、准则层、因子层和指标层四个层次，见表 4-2。

4.4.3　崩塌、滑坡灾害风险评价模型构建

　　自然灾害风险指未来若干年内可能达到的灾害程度及其发生的可能性。本节利用自然灾害风险指数法和加权综合评价法，建立了崩塌、滑坡灾害风险指数，用以表征崩塌、滑坡灾害风险程度，具体计算公式如下：

表 4-2　崩塌、滑坡灾害风险评估指标体系

目标层	因子层	准则层	指标层	权重
崩塌、滑坡地质灾害风险指数	危险性（H）0.4338	水文地质	连续降雨日数/H1	0.2101
			年平均有效降雨量/H2	0.1765
			距水系的距离/H3	0.0103
			地下水类型/H4	0.0138
		环境地质	高程/H5	0.0153
			斜坡结构类型/H6	0.0704
			距地质构造的距离/H7	0.0757
			坡向/H8	0.0338
			坡度/H9	0.033
			地表曲率/H10	0.0278
		工程地质	岩土体类型/H11	0.0454
		生态地质	植被覆盖度/H12	0.0274
			土地利用类型/H13	0.0356
		现状灾害	灾害点规模/H14	0.0298
			现状地质灾害点发生频率/H15	0.0867
			灾害点密度/H16	0.1094
	暴露性（E）0.1239	人口暴露度	人口密度/E1	0.085
		经济暴露度	人均 GDP/E2	0.1503
			耕地面积/E3	0.4813
			路网密度/E4	0.1606
			建筑用地面积/E5	0.1228
	脆弱性（V）0.1080	人口脆弱度	老幼人口比例/V1	0.2395
		经济脆弱度	农业总产值/V2	0.2373
			播种面积/V3	0.5232
	防灾减灾能力（R）0.3343	政策法规	政府防灾资金投入/R1	0.3356
			减灾防灾预案的制定/R2	0.1645
		防灾物资	大型清障设备数量/R3	0.0453
		减灾规划	监测点数量/R4	0.2502
		预警预报	地质灾害预报预警准确率/R5	0.2043

$$COLSRI = \frac{H^{W_H}(X) \times E^{W_E}(X) \times V^{W_V}(X)}{1 + R^{W_R}(X)} \qquad (4\text{-}13)$$

式中：COLSRI 为崩塌、滑坡灾害风险指数，用于表示崩塌、滑坡灾害风险程度，

其值越大，风险程度越大；X 为各评价指标的量化值；W_H、W_E、W_V、W_R 分别为利用层次分析法得到的危险性、暴露性、脆弱性和防灾减灾能力的权重值（CR=0.0503<0.1）。$H(X)$、$E(X)$、$V(X)$、$R(X)$ 的值相应地表示危险性、暴露性、脆弱性和防灾减灾能力大小，计算方法如下：

$$H(X) = W_{H1}X_{H1} + W_{H2}X_{H2} + W_{H3}X_{H3} + W_{H4}X_{H4} + W_{H5}X_{H5} + W_{H6}X_{H6} +$$
$$W_{H7}X_{H7} + W_{H8}X_{H8} + W_{H9}X_{H9} + W_{H10}X_{H10} + W_{H11}X_{H11} + W_{H12}X_{H12} \qquad (4\text{-}14)$$
$$+ W_{H13}X_{H13} + W_{H14}X_{H14} + W_{H15}X_{H15} + W_{H16}X_{H16}$$

$$E(X) = W_{E1}X_{E1} + W_{E2}X_{E2} + W_{E3}X_{E3} + W_{E4}X_{H4} + W_{E5}X_{E5} \qquad (4\text{-}15)$$

$$V(X) = W_{V1}X_{V1} + W_{V2}X_{V2} + W_{V3}X_{V3} \qquad (4\text{-}16)$$

$$R(X) = W_{R1}X_{R1} + W_{R2}X_{R2} + W_{R3}X_{R3} + W_{R4}X_{R4} + W_{R5}X_{R5} \qquad (4\text{-}17)$$

其中，指标量化可消除各个指标单位的不同给计算带来的不便，利用式（4-7）和式（4-8）对各个指标进行无量纲化处理。

$$X_{ij}^1 = \frac{x_{ij} - x_{\min j}}{x_{\max j} - x_{\min j}} \qquad (4\text{-}18)$$

$$X_{ij}^2 = \frac{x_{\max j} - x_{ij}}{x_{\max j} - x_{\min j}} \qquad (4\text{-}19)$$

式中：X_{ij} 为第 i 个对象的第 j 项指标值；X_{ij}^1、X_{ij}^2 为无量纲化处理后第 i 个对象的第 j 项指标值；$x_{\max j}$ 和 $x_{\min j}$ 分别为第 j 项指标的最大值和最小值。式（4-7）适合与风险成正比的指标，即指标值越大，风险值越大，规范化以后的值也越大；式（4-19）适合与风险成反比的指标，即指标值越大，风险值越小，规范化以后的值也越小。经过上述处理后，各指标取值范围为 $X_{ij}^1 \in [0,1)$，$X_{ij}^2 \in [0,1)$。

此外，对于一些不能用上式进行无量纲化处理的指标，根据前人研究成果，采取分级赋值法。

1. 风险因子评价

1）危险性评价

基于表 4-2 中崩塌、滑坡灾害风险危险性各子因子，表 4-3 中各子因子的分级赋值标准和 ArcGIS 10.2 软件平台，得到区域崩塌、滑坡灾害风险危险性评价结果图 4-10，并将其分为极低危险性、低危险性、中危险性、高危险性和极高危险性等五个等级。由图可知，研究区域内的崩塌、滑坡灾害风险整体较高，尤其是通化县中南部地区和东北部地区。此外，通化县飞地整体崩塌、滑坡灾害危险性也较高。

表 4-3　各指标分级赋值标准

评价分级	极低	低	中	高	极高
连续降雨日数（天）/H1	0	2	4	6	≥8
7～9 月份有效降水量（mm）/H2	≤10	30	50	70	≥90
距水系的距离（m）/H3	≥1500	1200	900	600	≤300
地表径流大小（m³）/H4	≤50	100	400	750	≥1100
高程（m）/H5	≤200	300	400	500	≥600
地层岩性/H6	花岗岩	凝灰岩	混合岩	变质岩	安山岩
据地质构造的距离（km）/H7	≥5000	4000	3000	2000	≤1000
坡向/H8	N、W	SW、NE	NW	E、S	SE
坡度（°）/H9	0～10	10～15	15～20 ≥45	20～25 35～40	25～35
地表曲率（°）/H10	≤5	10	15	20	≥25
岩土体类型/H11	A1	A2	A3	A4	A5
植被覆盖度（%）/H12	≥0.8	0.675	0.55	0.425	≤0.3
土地利用类型/H13	裸地	草地	水域	林地	耕地 住地
灾害点规模（km²）/H14	0	0.012	0.024	0.036	≥0.048
现状地质灾害点发生频率（次/年）/H15	0	0.4	0.8	1.2	≥1.6
灾害点密度（个/km²）/H16	0	1	2	3	≥4
人口密度（人/km²）/E1	≤100	120	140	160	≥200
人均 GDP（万/人）/E2	≤2.0	2.9	3.8	4.7	≥5.6
耕地面积（km²）/E3	0	0.2	0.4	0.6	≥0.8
路网密度（m/km²）/E4	≥80	60	40	20	0
建筑用地面积（km²）/E5	0	0.2	0.4	0.6	≥0.8
老幼人口比例（%）/V1	≤13	16	19	22	≥25
农业总产值（万元）/V2	≤1000	2500	4000	5500	≥7000
播种面积（km²）/V3	0	0.2	0.4	0.6	≥0.8
政府防灾资金投入（万）/R1	≥90	70	50	30	≤10
减灾防灾预案的制定（程度）/R2	完善	具体	一般	简略	无
大型清障设备数量（个）/R3	≥20	15	10	5	0
监测点数量（个）/R4	≥4	3	2	1	0
地质灾害预报预警准确率（%）/R5	≥0.9	0.8	0.7	0.6	0.5

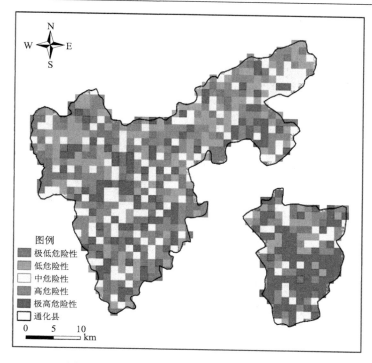

图 4-10　通化县崩塌、滑坡灾害危险性评价图

　　究其原因，区域内部的环境、地质、生态和灾害发生现状条件都较为复杂，进而导致区域内崩塌、滑坡灾害危险性较高。崩塌、滑坡是区内较为发育的地质灾害之一，灾害点较多，规模以小型为主，危害对象主要是农田、公路、房屋，有时还造成人员伤亡。本区地层属华北区辽东分区浑江小区。基底岩层包括太古界和下元古界、中元古界。上元古界近似盖层，下古生界是浅海-滨海相稳定类型沉积，上古生界是海陆交互相，中生界是内陆盆地堆积，从晚三叠世始发育火山喷发堆积，晚侏罗世火山活动尤为剧烈，至白垩纪晚期尚有活动，火山岩及侵入岩也较发育。

　　研究区域地势由东、东南部向西、西南部递减，如 4.3.4 小节所述，区内以山地为主，沟谷密集，坡降较大。这些都是崩塌、滑坡灾害的主要诱发因素。

　　此外，本区地下水类型主要有第四系松散岩类孔隙水、碳酸盐岩类裂隙溶洞水和基岩裂隙水等三大主要地下水含水层（组）类型。第四系松散岩类孔隙潜水分布于区内山间河谷地带。地下水主要接受大气降水和侧向径流补给，与河水水力联系密切，天然状态下河流排泄地下水，其富水性受到地貌形态控制。碳酸盐岩类溶洞裂隙水主要分布于东北部浑江向斜盆地、老岭背斜北侧和南部浑江北侧，区内岩层溶洞裂隙的发育程度、汇水条件等富水性控制条件的差异性大，不同地段的富水性差别较大。本区基岩风化裂隙水主要分布于龙岗群、集安群混合岩、片岩及花岗岩地带，风化层厚 25～30m，构成网状风化裂隙含水层，含水层透水、导水性能较差，富水性差，为地下水贫水区。构造裂隙水分布于本区东南和西北部中生代侏罗系白垩系碎屑岩，岩层的构造裂隙发育深度浅，含水空隙发育差，泉流量一般 0.1～1.0L/S；单井涌水量小于 50m³/d，泉流量 0.1～1.0L/S，为本区的贫水区。结晶岩构造裂隙水含水层组主要是指中元古界结晶变质岩和各期侵入的花岗岩类。

区域地质构造属吉林南部中朝准地台，辽东台隆构造单元区。区内中部沿北东向分为铁岭-靖宇台拱和浑江陷褶断束两大构造单元亚区。铁岭-靖宇台拱亚区位于区内西北大部地段。西北部三棵树、三棚甸子一带属样子哨凹椭断束子区的西南段；中部呈北东向带状分布的大泉源—快大茂子—四方山地带为龙岗山断块子区的西南段。浑江陷褶断束亚区位于铁岭-靖宇台拱亚区的南部。

区内岩土体类型按成因、强度、结构、力学性质主要分为：碎裂状较软花岗岩强风化岩组、块状坚硬结晶岩岩组、层状较软碎屑岩岩组、中厚层中等岩溶化碳酸盐岩岩组和薄层状较软变质岩岩组。其中碎裂状较软花岗岩强风化岩组区内广泛分布，主要由花岗岩、二长花岗岩、花岗闪长岩组成，工程地质性质好；块状坚硬结晶岩岩组分布较为广泛，多分布在工作区南部，以二叠系砂岩、火山角砾岩为主，岩石较为坚硬，岩体结构类型为层状，岩体完整性属较完整级；层状较软碎屑岩岩组分布在工作区西北部及中东部，地层以白垩系、石炭系泥岩、粉砂岩为主，岩体完整性属次完整级，煤层开采后易发生地面塌陷和地裂缝；中厚层中等岩溶化碳酸盐岩岩组主要分布在工作区中东部，主要由中元古界老岭群大理岩、白云质大理岩组成，岩体完整性属较完整级；薄层状较软变质岩岩组呈条带状分布于工作区中东部，主要由太古界龙岗群片麻岩、混合岩组成，在微地貌呈陡崖或陡坡处易形成崩塌、滑坡地质灾害。

2）暴露性评价

基于表 4-2 中崩塌、滑坡灾害暴露性各子因子、表 4-3 中各子因子的分级赋值标准和 ArcGIS 10.2 软件平台，得到区域崩塌、滑坡灾害暴露性评价结果图（图 4.11），并将其分为极低暴露性、低暴露性、中暴露性、高暴露性和极高暴露性等五个风险暴露性等级。由图 4-11 可以看出，研究区域内崩塌、滑坡灾害暴露性较高地区总体上分布在通化县东南部和北部，在通化县飞地上暴露性较低。极高暴露性主要分布在通化县江甸镇、大泉源朝鲜族乡以及北部的光华镇。通化县飞地大部分处于极低暴露性。

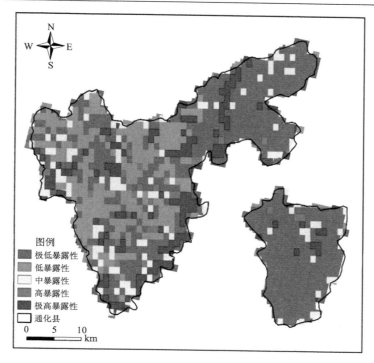

图 4-11　通化县崩塌、滑坡灾害暴露性评价图

　　通过分析，在前面提到暴露性的主要影响因子分为人口暴露度和经济暴露度，评价因子的选择为人口密度、人均 GDP、耕地面积、路网密度和建筑用地面积。这些高暴露性的地区是通化县域内人口的主要聚集区，是人类居住和经济活动的主要区域，经济价值和固定资产价值都比较高。在通化县和通化县飞地之间是通化市区，该区域的人口活动程度高，因此通化县东南部地区的通化县城、江甸镇灾害风险暴露性较高是合理的，北部的光华镇也是通化县主要的人口聚集地，该地区的人口较为密集，公路网密布，耕地和建筑用地较为集中，人口和经济暴露度较高。在通化县内其他区域分散地分布着其他乡镇，因此通化县内大部分具有一定的灾害暴露度，但是相比于东南部和北部则较低。在通化县飞地区域主要有果松镇和七道沟镇，这两镇较为集中，具有一定的暴露性，在暴露性评价图上也有体现。而飞地内其他区域绝大部分为林地，既无公路网也无耕地和城镇建筑用地，因此暴露性评价值极低。

　　3）脆弱性评价

　　基于表 4-2 中崩塌、滑坡灾害脆弱性各子因子、表 4-3 中各子因子的分级赋值标准和 ArcGIS 10.2 软件平台，得到区域脆弱性评价结果图（图 4-12），并将其分为极低脆弱性、低脆弱性、中脆弱性、高脆弱性和极高脆弱性等五个崩塌、滑坡脆弱性等级。由图 4-12 可知,研究区域内崩塌、滑坡灾害风险脆弱性总体分布在通化县城、东南部的江甸镇、北部的光华镇和西部的三棵榆树镇。通化县飞地内的果松镇和七道沟镇脆弱性也较高。通化县以及通化县飞地其他区域的脆弱性都较低。

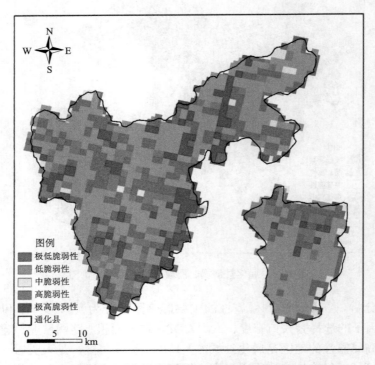

图 4-12 通化县崩塌、滑坡灾害脆弱性评价图

脆弱性评价主要分为人口脆弱度和经济脆弱度,评价指标为老幼人口比例、农业总产值和播种面积。在图中所示脆弱性高的地区,如通化县城、东南部江甸镇和北部光华镇,这些地区的特点是农业生产占比较大,主要经济来源为种植业,耕地占用面积大,一旦发生崩塌、滑坡灾害,这些地区的农业容易遭受较为严重的损失。同时,区域内人口组成中老龄和幼龄人口占比较高,在崩塌、滑坡灾害中老幼人口相比于成年人生命更易受到威胁,为灾害高危人群,因此老幼人口占比高的地区人口脆弱度较高。通化县飞地的果松镇和七道沟镇同样是具有中高脆弱性的地区,因为该地区老幼人口比例和农业总产值都较高,都以播种业为主要生产方式,因此导致区域脆弱性等级较高。

4) 防灾减灾能力评价

防灾减灾能力主要评价防灾减灾的政策法规、防灾物资、减灾规划和灾害的预警预报能力。基于 ArcGIS 10.2 软件平台，得到区域防灾减灾能力评价结果图 4-13，并将其分为极低防灾能力、低防灾能力、中防灾能力、高防灾能力和极高防灾能力等五个风险防灾减灾能力等级。

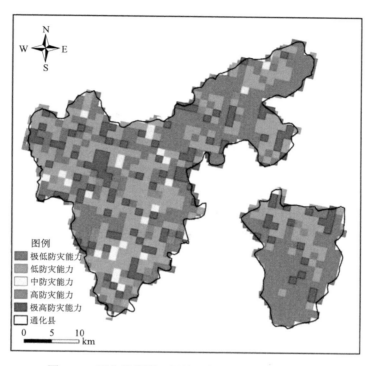

图 4-13　通化县崩塌、滑坡灾害防灾减灾能力评价图

　　结合实际情况调查，研究区域中防灾减灾能力分布较为均匀，各乡镇都具有一定的防灾减灾能力。防灾减灾能力较高的地区有通化县城和中西部英额布镇。防灾减灾能力低的地区主要为一些人烟罕至的地区。

　　崩塌、滑坡灾害风险评价指标体系中防灾减灾能力的评价指标主要是政府资金投入、应急预案的制定程度、清障设备和监测点的布置与地质灾害预警系统准确率等五个方面。防灾减灾能力评价区划图展示了在整个研究区域内没有缺乏防灾减灾能力的地区，各个乡镇均具备一定的能力抵抗崩塌、滑坡灾害，这说明政府在整个区域内部的防灾资金投入和应急预案的设立上都是较为完善的。临时清障设备和监测点的布置也都能基本覆盖区域内地质灾害发生所可能影响的区域。通化县城和英额布镇的防灾减灾能力较为突出主要原因在于两镇的行政地位较高，优先于区域内其他城镇，政府资金投入和应急预案的制定有一定的偏向性。通化县飞地的防灾减灾能力也体现在果松镇和七道沟镇的周边地区，这些地区的地质环境复杂，乡村分布稀疏，一旦灾害发生可能造成严重后果，因此值得进一步加强防灾减灾能力。飞地其他地区人烟稀少，没有公路网分布，防灾减灾能力也相应降低，亟需进一步加强防灾资金投入和应急预案的完善，切实保障人们的生命和财产安全。

2. 崩塌、滑坡灾害风险评价与区划

基于表 4-3 中崩塌、滑坡灾害风险各因子权重和 ArcGIS 10.2 软件平台，得到通化县崩塌、滑坡灾害风险评价与区划结果图 4-14，并将其分为极低风险区、低风险区、中风险区、高风险区和极高风险等五个崩塌、滑坡灾害风险等级。分析其构成组分可知，极低风险区占比 43.05%，低风险区占比 16.21%，中风险区占比 11.83%，高风险区占比 8.53%，极高风险区占比 20.38%（图 4-15）。其中，极高风险区和高风险区分布较为零散，主要分布在区域中南部地区，三棵榆树镇和英额布镇北部、大泉源和大川等处，此外，通化县飞地东来、果松镇北部等地也有极高风险区的分布；中风险区主要是区域中部和飞地中南部地区英额布镇、大都岭、石湖镇等处；低风险和较低风险区主要集中于通化县北部和东北部地区，四棚、干沟和兴林镇等地。

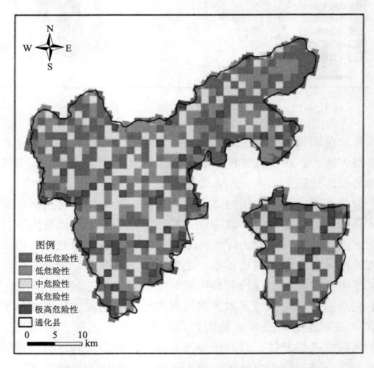

图 4-14　通化县崩塌、滑坡灾害风险评价及区划图

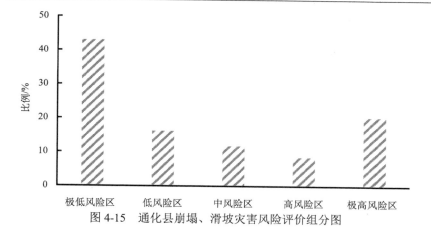

图 4-15　通化县崩塌、滑坡灾害风险评价组分图

4.5　山区地质灾害综合风险评价与区划研究

4.5.1　通化县地质灾害综合风险评价与区划

通过对通化县泥石流、崩塌及滑坡灾害风险评价，研究利用空间分析技术，以 ArcGIS10.2 软件为平台，绘制出通化县地质灾害综合风险评价与区划图，见图 4-16。

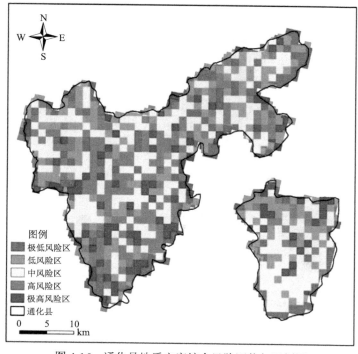

图 4-16　通化县地质灾害综合风险评价与区划图

由图可知，通化县地质灾害综合风险较高区域主要分布于通化县中南部地区，通化县飞地北部风险程度也较高。从区域内部来看，通化县地质灾害风险高值区主要分布在三棵榆树镇、英额布镇、大泉源及江甸子镇，在通化县飞地果松镇及东来风险程度也较高。相关地区应制定好地质灾害风险评价的相关对策，尤其在汛期应加强区域泥石流、崩塌及滑坡灾害的防灾减灾各项措施。

4.5.2 吉林省东南部山区地质灾害综合风险评价与区划

将通化县地质灾害综合风险评价的指标体系以及研究方法运用到对吉林省东南部山区进行综合地质灾害风险评价与区划研究中，并根据划分的不同风险区的阈值进行空间化表示，得到吉林省东南部山区地质灾害综合风险评价区划图（图4-17），由图可以看出，吉林省东南部山区的地质灾害极高风险区主要位于南部的通化市以及东部的图们地区，该地区崩塌、滑坡、泥石流均较为发育。高风险区包括柳河县、白山市、长白县、延吉市以及龙井市，这些地区平均已有地质灾害点密度为 4.84 个/100km^2，为崩塌、滑坡、泥石流高易发区域。中风险区分布在抚松县、和龙市和珲春市。低风险与极低风险区主要分布在吉林省的中东部地区，

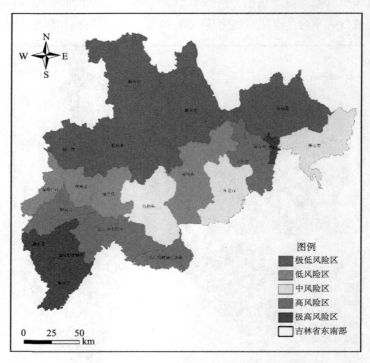

图 4-17 吉林省东南部山区地质灾害综合风险评价与区划图

该地区岩土体类型复杂，变质岩、花岗岩、碎屑岩、土体均有分布，地貌类型大部分为低山丘陵，部分为中低山，在公路沿线及岩土体界限附近易发生崩塌灾害。区内岩土体较为松散，年平均降雨量较大，在汛期应注意泥石流等突发性地质灾害。

参 考 文 献

陈伟，许强. 2012. 地质灾害可接受风险水平研究. 灾害学，27(1):23-27.

陈曦炜，裴志远，王飞. 2016. 基于 GIS 的贫困地区降雨诱发型地质灾害风险评估——以湖北省恩施州为例. 地球信息科学学报，18(3): 343-352.

程凌鹏，杨冰，刘传正. 2001. 区域地质灾害风险评价研究述评. 水文地质工程地质，28(3): 75-78.

崔鹏，杨坤，陈杰. 2003. 前期降雨对泥石流形成的贡献——以蒋家沟泥石流形成为例. 中国水土保持科学，1(1): 11-15.

董颖. 2009. 地质灾害风险评估理论与实践. 北京: 地质出版社.

杜继稳. 2010. 降雨型地质灾害预报预警——以黄土高原和秦巴山区为例. 北京: 科学出版社.

冯杭建，唐小明，周爱国. 2013. 浙江省泥石流与降雨历时关系研究及应用检验. 自然灾害学报，22(1): 159-168.

巩杰，赵彩霞，王合领，等. 2012. 基于地质灾害的陇南山区生态风险评价——以陇南市武都区为例. 山地学报，30(5): 570-577.

黄润秋. 2011. 汶川地震地质灾害后效应分析. 工程地质学报，19(2): 145-151.

李术才，薛翊国，张庆松，等. 2008. 高风险岩溶地区隧道施工地质灾害综合预报预警关键技术研究. 岩石力学与工程学报，27(7): 1297-1307.

刘传正. 2015. 地质灾害防治研究的认识论与方法论. 工程地质学报，23(5): 809-820.

刘希林，尚志海. 2012. 泥石流灾害综合风险分析方法及其应用. 地理与地理信息科学，28(5): 86-89.

刘希林，燕丽萍，尚志海. 2009. 基于区域临界雨量的广东省泥石流灾害易发区预测. 水土保持学报，23(6): 71-84.

刘希林. 2000. 区域泥石流风险评价研究. 自然灾害学报，9(1): 54-61.

刘彦花，叶国华. 2015. 基于粗糙集与 GIS 的滑坡地质灾害风险评估——以广西梧州为例. 灾害学，30(2):108-114.

马寅生，张业成，张春山，等. 2004. 地质灾害风险评价的理论与方法. 地质力学学报，10(1): 7-18.

孟庆华，孙炜锋，张春山. 2014. 地质灾害风险评估与管理方法研究——以陕西凤县为例. 水文地质工程地质，41(5): 118-124.

倪晓娇，南颖. 2014. 基于 GIS 的长白山地区地质灾害风险综合评估. 自然灾害学报，23(1): 112-120.

欧阳资生. 2011. 地质灾害损失分布拟合与风险度量. 统计研究，28(11): 78-83.

潘学标，郑大玮 . 2010. 地质灾害及其减灾技术. 北京: 化学工业出版社.

彭建, 谢盼, 刘焱序, 等. 2015. 低丘缓坡建设开发综合生态风险评价及发展权衡——以大理白族自治州为例. 地理学报, 70(11): 1747-1761.

齐信, 唐川, 陈州丰, 等. 2012. 地质灾害风险评价研究. 自然灾害学报, 21(5): 33-40.

沈简. 2016. 基于模糊综合评价法的泥石流风险评价. 灾害学, 31(2): 171-175.

石菊松, 吴树仁, 张永双, 等. 2012. 应对全球变化的中国地质灾害综合减灾战略研究. 地质论评, 58(2): 309-318.

王春乙, 张继权, 霍治国, 等. 2015. 农业气象灾害风险评估研究进展与展望. 气象学报, 73(1): 1-19.

王雁林, 郝俊卿, 赵法锁, 等. 2011. 汶川地震陕西重灾区地质灾害风险区划探讨. 灾害学, 26(4): 35-39.

吴树仁, 石菊松, 张春山, 等. 2009. 地质灾害风险评估技术指南初论. 地质通报, 28(8): 995-1005.

徐继维, 张茂省, 范文. 2015. 地质灾害风险评估综述. 灾害学, 30(4): 130-134.

薛凯喜. 2013. 极端降雨诱发山地公路地质灾害风险评价与实践. 重庆: 重庆大学出版社.

张春山, 何淑军, 辛鹏, 等. 2009. 陕西省宝鸡市渭滨区地质灾害风险评价. 地质通报, 28(8): 1053-1063.

张春山, 吴满路, 张业成. 2003. 地质灾害风险评价方法及展望. 自然灾害学报, 12(1): 96-102.

张继权, 冈田宪夫, 多多纳裕一. 2006. 综合自然灾害风险管理——全面整合的模式与中国的战略选择. 自然灾害学报, 15(1): 29-37.

张继权, 李宁. 2007. 主要气象灾害风险评价与管理的数量化方法及其应用. 北京: 北京师范大学出版社, 27-244.

张茂省, 李林, 唐亚明, 等. 2011. 基于风险理念的黄土滑坡调查与编图研究. 工程地质学报, 19(1): 43-51.

张茂省, 唐亚明. 2008. 地质灾害风险调查的方法与实践. 地质通报, 27(8): 1205-1216.

张业成, 张梁. 1996. 论地质灾害风险评价. 地质灾害与环境保护, 7(3): 1-6.

朱良峰, 殷坤龙, 张梁, 等. 2002. 基于 GIS 技术的地质灾害风险分析系统研究. 工程地质学报, (4): 428-433, 348.

Aronica G T, Biondi G, Brigandì G, et al. 2012. Assessment and mapping of debris-flow risk in a small catchment in eastern Sicily through integrated numerical simulations and GIS. Physics and Chemistry of the Earth, 49(211): 52-63.

Calvo B, Savi F. 2009. A real-world application of Monte Carlo procedure for debris flow risk assessment. Computers & Geosciences, 35(5): 967-977.

Chen H X, Zhang S, Peng M, et al. 2016. A physically-based multi-hazard risk assessment platform for regional rainfall-induced slope failures and debris flows. Engineering Geology, 203: 15-29.

Cheng W M, Wang N, Zhao M, et al. 2016. Relative tectonics and debris flow hazards in the Beijing mountain area from DEM-derived geomorphic indices and drainage analysis. Geomorphology, 257: 134-142.

D'Aniello A, Cozzolino L, Cimorelli L, et al. 2014. One-dimensional simulation of debris-flow inception and propagation. Procedia Earth and Planetary Science, 9: 112-121.

Jomelli V, Pavlova I, Eckert N, et al. 2015. A new hierarchical Bayesian approach to analyse environmental andclimatic influences on debris flow occurrence. Geomorphology, 250: 407-421.

Lin J H, Yang M D, Lin B R, et al. 2011. Risk assessment of debris flows in Songhe Stream, Taiwan. Engineering Geology, 123: 100-112.

Liu J F, You Y, Chen X Q, et al. 2014. Characteristics and hazard prediction of large-scale debris flow of Xiaojia Gully in Yingxiu Town, Sichuan Province, China. Engineering Geology, 180: 55-67.

Marra F, Nikolopoulos E I, Creutin J D, et al. 2016. Space-time organization of debris flows-triggering rainfall and its effecton the identification of the rainfall threshold relationship. Journal of Hydrology, 541(11): 246-255.

Miller S, Brewer T, Harris N. 2009. Rainfall thresholding and susceptibility assessment of rainfall-induced landslides: application to landslide management in St Thomas, Jamaica . Bulletin of Engineering Geology and the Environment, 68(4):539-550.

Xu W B, Jing S C, Yu W J, et al. 2013. A comparison between Bayes discriminant analysis and logistic regression for prediction of debris flow in southwest Sichuan, China. Geomorphology, 201: 45-51.

第5章 极端降雨诱发地质灾害风险预警研究

5.1 研究区概况与数据来源

5.1.1 研究区概况

吉林省地势自东南向西北倾斜。大致分为东部长白山地、中部松辽平原和西部大兴安岭山地。东部长白山地又分为中低山和低山丘陵;中部松辽平原又分为东部冲洪积高平原和西部冲湖积低平原;洮南市的西北部则属大兴安岭东麓丘陵及山前倾斜台地。

吉林省位于北温带大陆性季风气候区,1 月最冷,7 月最热,多年平均气温 $2.0 \sim 6.5$℃,具有东南部高、西北部低和随地势由低到高而降低的趋势。降水量则由西北向东南逐渐增加,年平均降水量 $400 \sim 1000$ mm,其中长白山南坡高达 $1000 \sim 1400$ mm。强降雨多出现在每年的 $6 \sim 8$ 月。

省内河流有松花江、辽河、图们江、鸭绿江和绥芬河五大水系,还有大小有名支流近千条,主要分布在东部长白山区。以松花江流域为最大,约占全省总面积的 70%。$6 \sim 8$ 月为汛期,流量季节性变化大。湖泊主要分布在松辽平原西部,在嫩江与辽河间的广大闭流区有 1000 多个。位于中朝边界的长白山天池是著名的火山湖。

全省地跨两大构造单元,即南部中朝准地台区和北部天山-兴安地槽区。南部中朝准地台区发展演化历程可归结为三个大地构造发展阶段 :即地槽发展阶段(太古—早中元古代)、准地台发展阶段(晚元古—二叠纪)和滨太平洋大陆边缘活化阶段(三叠纪—新生代),从太古代—新生代地层层序较齐,出露较全,尤其是基底岩系广泛发育。太古界和下、中元古界三套变质岩系构成区域基底,上元古界、下古生界、上古生界等后中条地台盖层均分布在样子哨、浑江、鸭绿江盆地中,中、新生界主要分布在义和、柳河、三源浦、梅河、石人、果松、松江等山间盆地中,新近系—第四系基性火山岩广泛发育在龙岗山、长白山一带,构成典型的玄武岩台地。岩浆活动有阜平、五台、加里东晚期、华力西期、燕山和喜马拉雅期等,其中以加里东晚期、华力西期和燕山期为主,酸性岩类最为发育,多呈岩基、岩珠状产出。喜马拉雅期主要是喷溢基性岩脉,分别构成著名的龙岗火山群和白头山火山群。

北部天山-兴安地槽区发展演化历程可归结为地槽发展阶段(寒武—二叠纪)

和滨太平洋大陆边缘活化阶段（三叠纪—新生代）。分属内蒙古-大兴安岭褶皱系和吉黑褶皱系。内蒙古-大兴安岭褶皱系在省内仅出露上古生界和中生界。岩浆活动主要表现为华力西晚期和燕山期，以中酸性、酸性岩类为主。吉黑褶皱系可进一步划分为松辽中断陷、吉林优地槽褶皱带和延边优地槽褶皱带。松辽中断陷基底为前侏罗纪的变质岩系，盖层为巨厚的中、新生代陆相火山岩及其火山碎屑岩和陆相碎屑沉积岩及泥岩等，沿边缘有玄武岩浆喷发；吉林优地槽褶皱带地层较为发育，分布有下古生界、上古生界、中生界和新生界，岩浆活动自早古生代开始，断续活动，一直延续到新生代，主要为中酸性、酸性岩类；延边优地槽褶皱带地层发育较差，仅分布有少量下古生界和上古生界，其次为中生界和新生界，岩浆活动早在加里东期就已开始，主要为火山岩类。

　　受多期次构造运动影响，省内褶皱及断裂等构造形迹十分发育，并被数条深大断裂切割成数十个不同级别的构造单元。新构造运动具有东部上升剥蚀、西部坳陷沉降堆积的总特点和规律，由东向西，隆起上升剥蚀强度由强转弱，坳陷堆积幅度由弱转强。境内水文地质条件复杂，地下水类型多样。主要有松散岩类孔隙水、碎屑岩类裂隙孔隙水或孔隙裂隙水、玄武岩类孔洞裂隙水、碳酸盐岩类溶隙裂隙水和基岩裂隙水。地下水由降水渗入补给，总体流向是以山区向平原或向山间盆谷地汇集。

　　境内地质灾害类型较齐全。崩塌、滑坡、泥石流、地裂缝及地面塌陷等均有分布。地质灾害发育特征在地域分布上总体具有由东南向西北地质灾害点密度及规模由大变小，发生频率由高变低，灾情由重变轻的规律。受自然环境与地质背景的复杂多样性和人类工程活动性质及强度的差异性影响，境内地质灾害具有明显的地域性与集中性、群发性与复发性的发育特征。

　　地域性与集中性表现在由于境内的自然及地质环境背景的差异或人类工程活动方式的不同，则发育的地质灾害类型不同，并在某些地域有集中分布的特点。中低山区以崩塌、泥石流为主；低山、丘陵区滑坡、泥石流发育；而在丘陵、台地或平原边缘地势变化大的区段，则水土流失严重，泥流较发育；矿产资源丰富的地下采矿活动区，则主要引发地裂缝及地面塌陷地质灾害。集中性主要体现在省内某些地域，地质灾害分布密度大，呈带状或面状集中分布。如在临江—长白沿江公路，崩塌呈带状分布。和龙、龙井、延吉、图们等低山丘陵盆地区，滑坡、泥石流发育密集。敦化老虎洞、大桥乡等地，泥石流分布集中。扶余台地及大布苏湖边缘侵蚀冲沟密集分布，泥流发育。而在浑江中上游、蛟河、舒兰、九台、辽源、珲春等地，地面塌陷地质灾害严重。

　　由于境内部分区域自然及地质环境背景和人类工程活动方式相似，故地质灾害具有群发性特点，即同一种地质灾害在某些地域成群成带出现，如前述的临江—长白沿江公路崩塌带，敦化大桥乡泥石流群，浑江中上游的地面塌陷带等地质灾害。

有些地质灾害点受周期性强降水影响，具有复发性特点，如敦化市老虎洞每年雨季都发生泥石流灾害。

5.1.2 数据来源

遥感影像数据收集：已购买 2016 年高分一号影像、1：1 万航拍影像和 SPOT5 影像，DLR-DEM 数据来源于德国宇航中心网站提供的高精度数字高程模型。

地质地貌数据收集：吉林省国土资源厅地质环境处提供吉林省 1：5 万地质地貌数据。

土地利用数据收集：土地利用数据来源于地理国情监测云平台提供的 2016 年全国土地利用数据以及从获取遥感数据中目视解译所得。

土壤类型数据收集：土壤类型数据来源于地理国情监测云平台提供的 1：100 全国土壤类型数字地图。

水文地质数据收集：1：10 万水文地质数据来源于中国地质科学院地质科学数据共享网以及吉林省国土资源厅地质环境处。

基础地理数据收集：吉林省详细行政边界、地形、等高线等基础地理数据来源于吉林省国土资源厅地质环境处。

生态环境数据收集：数据来源于吉林省国土资源厅地质环境处。

气象数据收集：气象数据来源于中国气象科学数据共享服务网。共选取吉林省境内所有气象站点 1960～2016 年逐日降水数据。

社会经济数据收集：2016 年社会经济数据来源于吉林省统计年鉴以及国家统计局官方网站。

灾害管理数据收集：数据来源于吉林省国土资源厅地质环境处政府防灾减灾投入资金、地质灾害防控点布控等详细资料。

历史灾情数据收集：数据来源于吉林省国土资源厅地质环境处统计的截止到 2016 年地质灾害发生详细时间、位置、灾损情况、致灾原因等的历史灾情详细资料。

5.2 理论依据与研究方法

5.2.1 理论依据

1. 区域灾害系统理论

自然灾害指自然变异超过一定的程度，对人类和社会经济造成损失的事件。根据对自然灾害研究内容的不同，自然灾害研究主要存在如下几个理论。①致灾因子论认为，灾害的形成是致灾因子对承灾体作用的结果，没有致灾因子就不会形成灾害。②孕灾环境论认为，近年来灾害发生频繁，灾害损失与日俱增，其原因与区域环境变化有密切的关系，其中最为主要的是气候与地表覆被的变化以及物质文化环境的变化。由于不同的致灾因子产生于不同的致灾环境系统，因此研究灾害可以通过对不同致灾环境的分析，研究不同孕灾环境下灾害类型、频度、强度、灾害组合类型等，建立孕灾环境与致灾因子之间的关系，利用环境演变趋势分析致灾因子的时空强度特征，预测灾害的演变趋势。③承灾体论，承灾体即为灾害作用对象，是人类活动及其所在社会各种资源的集合。一般包括生命和经济两个部分。承灾体的特征主要包括暴露性和脆弱性两个部分。承灾体暴露性描述了灾害威胁下的社会生命和经济总值，脆弱性描述了暴露于灾害之下的承灾体对灾害的易损特征（如承灾体结构、组成、材料等）。通过对承灾体研究，确定区域经济发展水平和社会脆弱性，为防灾减灾、灾后救助提供指导。

　　区域灾害系统论认为灾害是地球表层异变过程的产物，在灾害的形成过程中，致灾因子、孕灾环境、承灾体缺一不可，灾害是地球致灾因子、孕灾环境、承灾体综合作用的结果。忽略任何一个因子对灾害的研究都是不全面的。许多致力于区域灾害系统论的学者都对区域灾害系统进行了研究。史培军（2005）认为由孕灾环境（E）、致灾因子（H）、承灾体（S）复合组成了区域灾害系统（D）的结构体系（图 5-1），即 $D=E \cap H \cap S$，并认为致灾因子、承灾体与孕灾环境在灾害系统中的作用具有同等重要的地位。

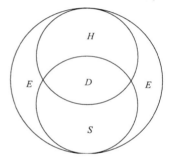

图 5-1　灾害系统的结构体系

　　致灾因子包括自然致灾因子，如地震、火山喷发、滑坡、泥石流、台风、暴风雨、风暴潮、龙卷风、尘暴、洪水、海啸等，也包括环境及人为致灾因子，如战争、动乱、核事故等。因此，持致灾因子论的有关研究者认为，灾害的形成是致灾因子对承灾体作用的结果，没有致灾因子就没有灾害。孕灾环境包括孕育产生灾害的自然环境与人文环境。近年灾害发生频繁，损失与年俱增，其原因与区域及全球环境变化有密切关系。其中最为主要的是气候与地表覆盖的变化，以及物质文化环境的变化。承灾体就是各种致灾因子作用的对象，是人类及其活动所在的社会与各种资源的集合。其中，人类既是承灾体又是致灾因子。承灾体的划分有多种体系，一般先划分人类、财产与自然资源两大类。

　　2. 自然灾害风险形成原理

　　自然灾害指由于自然变异因子对人类和社会经济造成损失的事件。自然灾害是地球表层孕灾环境、致灾因子、承灾体综合作用的产物。具体而言，就是指某

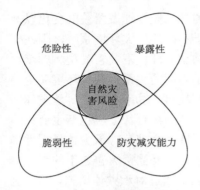

图 5-2　自然灾害风险四要素示意图

一地区某一时间内可能发生哪些灾害、活动程度、破坏损失及对社会经济的破坏影响可能有多大。根据目前比较公认的自然灾害风险形成机制，自然灾害风险主要取决于四个因素，如图 5-2 所示。

因此，在区域自然灾害风险形成过程中，危险性（H）、暴露性（E）、脆弱性（V）和防灾减灾能力（R）是缺一不可的，是四者综合作用的结果。其数学计算公式为

$$R = H \cap E \cap V \cap R \qquad (5\text{-}1)$$

3. 地质灾害预警理论

1）基于数理统计的地质灾害预警

根据历史地质灾害和降雨关系，建立降雨与地质灾害之间的统计关系，统计分析临界降雨判据，是地质灾害预警中最常用的研究方法。统计分析中地质灾害点通常选取曾经发生的有时间记录的点，包含地质灾害发生的单点、灾害个数、密度、频率、周期等。而对于降雨的描述，常统计的参数有：累计雨量（1h、3h、1d、3d、5d、15d 等）、有效降雨量、年均降雨量、降雨强度（mm/d）、滚动雨量、标准化的雨强（雨强/年均降雨量）、标准化累计雨量（累计雨量/年均降雨量）、有效雨量、降雨周期等。通过分析，得出地质灾害与降雨之间的定性或定量的统计关系，获得经验的降雨阈值，作为开展地质灾害预警预报的判据。常用的统计方法包括：图表法、多元回归分析、回归、概率方法、神经网络方法等。

目前国内外地质灾害预警预报模型建立主要有两种思路：一是基于大范围的统计模型，由于其预警预报范围较大，对辖区地质灾害发生机理进行宏观分析，从而得到符合该区域的预警模型；二是对单体地质灾害进行分析，从地质灾害发生的微观结构进行机理分析，得到符合该区域特定灾害种类的预警模型。

2）基于风险评价的地质灾害预警

预警是指对某一警素的现状和未来进行测度，预报不正常状态的时空范围和危害程度，在危险发生之前，根据以往总结的规律或观测得到的可能性前兆，向相关部门发出紧急信号，报告危险情况，以避免危害在不知情或准备不足的情况下发生，从而最大程度地降低危害所造成的损失的行为。预警的分析流程如图 5-3 所示。

预警前必须明确预警各个流程的基本概念，

图 5-3　灾害预警分析流程示意图

警情是预警研究的对象，即山区地质灾害风险预警；警源是指警情产生的根源，在山区地质灾害预警研究中指直接影响地质灾害发生和造成经济损失的各种因素；警兆是警情的先兆，是对警源发展变化的综合反映，即警源的量变。某一警源的变化可以引起其他警源的变化，进而反映为警兆，进行风险预警必须综合考虑致灾因子和承灾体的综合影响，因此将警兆划分为内生警兆和外生警兆;外生警兆和内生警兆的综合作用形成风险预警警度。

结合风险四要素理论、区域灾害系统理论和灾害预警理论，概括出灾害风险预警形成示意图，如图 5-4 所示。

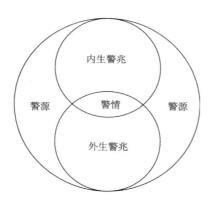

图 5-4　灾害风险预警形成示意图

自然灾害风险形成四要素理论认为危险性、暴露性、脆弱性和防灾减灾能力共同作用形成风险。区域灾害系统理论认为地球表层孕灾环境、致灾因子和承灾体复合组成了区域灾害系统。灾害预警理论则认为警源的综合作用形成警兆，进而出现警情。进行灾害风险预警必须综合考虑风险四要素理论、区域灾害理论和灾害预警理论，既要包括造成灾害的直接原因，也要考虑承灾体的状况。基于上述理论，建立地质灾害风险预警概念框架（图 5-5），将地质灾害风险预警定量描述公式为

$$地质灾害风险=预警内生警兆 \cap 外生警兆 \qquad (5-2)$$

5.2.2　研究方法

1. 可拓学理论

可拓学是我国学者蔡文教授于 1983 年创立的一门新学科。经过 30 多年发展，可拓学在经济、工业、医学、军事、地质、文化等各领域得到了广泛的应用，目前，可拓学理论仍在进一步地完善之中。可拓学用形式化工具，从定性和定量两

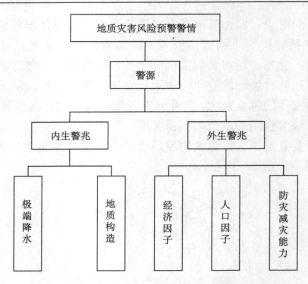

图 5-5　地质灾害风险预警概念框架

个角度去研究和解决矛盾问题的规律和方法。可拓学的理论支柱是物元理论和可拓集合理论，逻辑细胞是物元。质和量是客观世界形形色色事物的统一体，质变和量变是解决矛盾的关键所在。可拓方法正是基于此，把质和量有机统一地结合起来，引入了物元的概念，创建了物元理论。可拓学引入了由物、特征及相应的量值构成的三元组——物元，作为描述事物的基本元素。由此可见，其正确地反映了质与量之间的关系，可以更加准确地描述客观事物的变化过程。不同的物体可以具有相同的特征元，也就是同征物元。为了研究和应用方便，可将诸多同征物元用如下矩阵表示：

$$R = \begin{bmatrix} N, & C_1, & V_1 \\ & C_2, & V_2 \\ & \vdots & \vdots \\ & C_n, & V_n \end{bmatrix} \tag{5-3}$$

其中，R 为 n 维物元，给定事物的名称 N，它关于特征 C_i 的量值为 V_i。

　　根据吉林省以往地质灾害相关资料，将吉林省地质灾害易发区 5km×5km 作为一个评价单元进行划分，全省共划分 5746 个单元。即以后发生的各个步骤工作都是针对该单元进行。即每个 5km×5km 网格的地质灾害评价结果组合反映到平面图上就完成了对一个地区的地质灾害预警区域评价。

　　1）确定经典域与节域

$$R_j(N_j, C, V_j) = \begin{bmatrix} N_j, & C_1, & V_{1j} \\ & C_2, & V_{2j} \\ & \vdots & \vdots \\ & C_n, & V_{nj} \end{bmatrix} = \begin{bmatrix} N_j, & C_1, & (a_{1j}, b_{1j}) \\ & C_2, & (a_{2j}, b_{2j}) \\ & \vdots & \vdots \\ & C_n, & (a_{nj}, b_{nj}) \end{bmatrix} \tag{5-4}$$

式中：N_j 表示所划分的第 $j(j=1,2,\cdots,m)$ 个地质灾害易发性等级；$C_i(i=1,2,\cdots,n)$ 表示影响地质灾害易发性等级 N_j 的因素；$V_{ij}=(a_{ij},b_{ij})$ 为 N_j 关于因素 C_i 所确定的量值范围，即各易发性等级关于对应评价因素所取的数据范围，即经典域。

$$R_p(P, C, V_p) = \begin{bmatrix} P, & C_1, & V_{1p} \\ & C_2, & V_{2p} \\ & \vdots & \vdots \\ & C_n, & V_{np} \end{bmatrix} = \begin{bmatrix} P, & C_1, & (a_{1p}, b_{1p}) \\ & C_2, & (a_{2p}, b_{2p}) \\ & \vdots & \vdots \\ & C_n, & (a_{np}, b_{np}) \end{bmatrix} \tag{5-5}$$

式中：P 表示一个物元，即地质灾害易发性等级的全体；V_{ip} 表示 P 关于因素 C_i 所取的量值范围，即 P 的节域。

2）确定待评物元

对于待评事物（地质灾害易发程度） P，将所收集到的数据或分析结果用物元表示，即可得到待评物元 R。

$$R_j(P, C, v) = \begin{bmatrix} P, & C_1, & v_1 \\ & C_2, & v_2 \\ & \vdots & \vdots \\ & C_n, & v_n \end{bmatrix} \tag{5-6}$$

式中：P 为待评价的地质灾害易发性；C_i 为影响易发性等级的因素；v_i 表示 P 关于 C_i 的量值，即从待评单元所收集到的数据。

3）确定权系数

权系数是反映评价标准重要程度的量化系数，它的大小对于评价的精确性具有举足轻重的作用，不同的权系数会得到不同的结果。将基于主观判断的偏好比率法与客观分析法中的熵值法进行最优化组合，利用最优化模型确定各个评价指标的权系数。

4）确定关联度

各单项评价指标 v_i 关于各类别等级 j 的关联度可由下式计算求得：

$$K_j(v_i) = \begin{cases} \dfrac{\rho(v_i, V_{ij})}{\rho(v_i, V_{ip}) - \rho(v_i, V_{ij})}, & \rho(v_i, V_{ip}) - \rho(v_i, V_{ij}) \neq 0 \\ -\rho(v_i, V_{ij}), & \rho(v_i, V_{ip}) - \rho(v_i, V_{ij}) = 0 \end{cases} \tag{5-7}$$

其中

$$\rho(v_i, V_{ij}) = \left| v_i - \frac{a_{ij} + b_{ij}}{2} \right| - \frac{a_{ij} - b_{ij}}{2}; \quad \rho(v_i, V_{ip}) = \left| v_i - \frac{a_{ip} + b_{ip}}{2} \right| - \frac{a_{ip} - b_{ip}}{2} \tag{5-8}$$

待评物元 P 关于等级 j 的关联度为

$$K_j(P) = \sum_{i=1}^{n} W_i K_j(v_i) \tag{5-9}$$

式中：W_i 为各评价指标的权系数，且 $\sum_{i=1}^{n} W_i = 1$。

5）确定评价等级

$$K_{j\max}(P) = \max\{K_j(P)\} = K_{t0}(P) \tag{5-10}$$

则可定性判定待评价体 P 属于 t_0 类，而 $K_{j\max}(P)$ 的数值大小及相互关系则可定量地反映评价单元的好坏及其属于类别的 t_0 程度。

2. 最优组合赋权理论

最优化理论与方法研究的问题主要是在众多的方案中寻求最优解。最优组合赋权理论就是考虑了在具有 m 个对象 n 个属性，并且有 L 个决策参与者组成的群决策模型的条件下，将几种单一模型的权重进行协调取优的一种方法。选用确定权重的偏好比率法和熵值法进行优化组合，将权重问题转化为优化问题进行处理，以实现权重的确定满足主观判断以及客观分析的组合最优化。

1）偏好比率法

偏好比率法是基于评价者的判断对指标的重要程度进行主观评价的一种方法。它是根据对所有参评指标进行两两对比，确定指标对评价结果的实际贡献率。与传统的 AHP 的标度法不同，本节重新定义了评价指标的偏好比率（表 5-1）。该方法在一定程度上既反映了专家的意志，又符合实际情况。

已知评价指标个数为 n，评价指标 $C = \{c_1, c_2, \cdots, c_n\}$，为便于模型计算，不妨假设各个指标间的重要性排序为 $c_1 \geqslant c_2 \geqslant \cdots \geqslant c_n$，令 $a_{ij}(i, j = 1, 2, \cdots, n)$ 为评价人对 c_i 与 c_j 比较的比率标度值，则可以建立如下方程组：

$$\begin{cases} a_{11}p_1 + a_{12}p_2 + \cdots + a_{1n}p_n = np_1 \\ a_{22}p_2 + a_{23}p_3 + \cdots + a_{2n}p_n = (n-1)p_2 \\ \vdots \\ a_{n-1,n-1}p_{n-1} + a_{n-1,n}p_n = 2p_{n-1} \\ p_1 + p_2 + \cdots + p_n = 1 \end{cases} \tag{5-11}$$

式中：$0 \leqslant p_j \leqslant 1, j = 1, 2, \cdots, n$，$p_j$ 即为所求的权重。

表 5-1　评价指标间的比率标度值

指标 c_i 与 c_j 的相对偏好	比率标度值
c_i 很强	5.0
c_i 强	4.0
c_i 较强	3.0
c_i 稍强	2.0
c_i 与 c_j 同等重要	1.0
c_j 与 c_i 相比	相对应比率标度值的倒数
两个级别中间程度	两个级别对应比率标度值的平均数

2）熵值法

熵是信息论的创始人于 1948 年在"通信的数学理论"一文中提出的，一般称之为信息熵。在信息系统中的信息熵是信息无序度的度量，其值越大，信息的无序度越高，其信息的效用值越小；反之，信息熵越小，信息无序度越小，其信息的效用值越大，对评价结果的贡献就越大。采用熵值法利用数据自身信息来确定权系数，步骤如下：

设有 m 个对象，n 个评价指标，各个指标属性值为 b_{ij}（b_{ij} 表示第 i 个对象的第 j 个指标的属性值），由于信息熵是一个无量纲量，因此在计算各个指标的权重之前需对数据进行规范化处理。规范化的决策矩阵为 $B = \{b_{ij}\}_{m \times n}$，令：

$$k_{ij} = \frac{b_{ij}}{\sum\limits_{i=1}^{m} b_{ij}}, i = 1, 2, \cdots, m; j = 1, 2, \cdots, n \tag{5-12}$$

则信息熵为

$$h_j = -(\ln n)^{-1} \sum_{i=1}^{m} k_{ij} \ln k_{ij}, j = 1, 2, \cdots, n \tag{5-13}$$

由于信息熵可以用来度量指标的信息效用价值，对于一个信息完全无序的系统，有序度为零，其熵值最大，$h_j = 1$，此时 h_j 的信息评价的效用值为 0，因此某项指标的信息效用价值取决于该指标的信息熵 h_j 与 1 的差值。于是第 j 项指标的权重为

$$q_j = \frac{1 - h_j}{\sum\limits_{j=1}^{n} (1 - h_j)}, j = 1, 2, \cdots, n \tag{5-14}$$

3）最优组合赋权模型的建立

已知有 m 个对象，n 个因子，设最优组合权系数 $W = (\omega_1, \omega_2, \cdots, \omega_n)^{\mathrm{T}}$，令

$W_j = x_1 p_j + x_2 q_j (j = 1, 2, \cdots, n)$，其中 p_j、q_j 分别是偏好比率法和熵值法确定的权重，x_1、x_2 为组合权系数向量的线性表示系数。假设 $\begin{cases} x_1, x_2 \geqslant 0 \\ x_1^2 + x_2^2 = 1 \end{cases}$，则最优组合赋权法的关键问题即为 x_1, x_2 的确定。根据简单线性加权法，由组合赋权系数向量 W_j 计算而得的第 i 个对象的多指标综合评价值可以表示为

$$D_i = \sum_{j=1}^{n} b_{ij} \omega_j, i = 1, 2, \cdots, m \tag{5-15}$$

在多指标评价中组合赋权系数 W_j 确定的原则是使综合评价值 D_i 尽可能分散，体现出不同的被评对象之间的差异，则最优组合赋权问题即转化成以下优化问题：

$$\begin{cases} \max F(x_1, x_2) = \sum_{i=1}^{m} D_i^2 = \sum_{i=1}^{m} (\sum_{j=1}^{n} (x_1 p_j + x_2 q_j) b_{ij})^2, x_1, x_2 \geqslant 0 \\ x_1^2 + x_2^2 = 1 \end{cases} \tag{5-16}$$

由于传统的加权向量一般都不能满足归一化的约束条件，因此将式（5-16）得到的解 x_1'、x_2' 进行归一化处理，可得偏好系数：

$$x_1'' = \frac{x_1'}{x_1' + x_2'}, x_2'' = \frac{x_2'}{x_1' + x_2'} \tag{5-17}$$

则最优组合赋权模型为

$$W = x_1'' p_j + x_2'' q_j \tag{5-18}$$

3. 逻辑回归算法

应用逻辑回归模型来开展滑坡易发性评价的实质就是寻找最优的拟合函数来定量化描述滑坡的发生和一组独立的参数，如坡度、坡向、地质构造、地层岩性、水系等之间的关系。如果某一事件或现象，其发生的可能性或概率设为 P，取值范围为（0,1）。当 P 的取值越接近于 0 或者 1 时，P 值的变化就很难捕捉，因此需要对 P 值进行变换。一般取 $P/（1-P）$ 的自然对数，即用

$\ln（P/（1-P））$ 对 P 的变化进行量度，此时 Logit P 变化范围就为（$+\infty$，$-\infty$）。则有

$$\text{logit} P = 1/(1 + e^{-z}) \tag{5-19}$$

式中：$z = a + \beta_1 x_1 + \cdots + \beta_n x_n$，则

$$P = 1/[1 + e^{-(a + \beta_1 x_1 + \cdots \beta_n x_n)}] \tag{5-20}$$

式中：P 为事件的效用函数，表达为自变量 $x_1, x_2, x_3 \cdots$，x_n 的线性组合；β_n 为变量的估计参数。模型中 β_n 为逻辑回归系数，α 是常数。逻辑回归模型的应用优点在

于，它是一种统计学模型，其自变量可以是连续的，也可以是离散的，且不必满足正态分布；同时，在用该模型进行计算时，不会出现 $P>1$ 或 $P<0$ 的不合理情况。逻辑回归模型的计算结果具有较强的客观性和稳定性，主要由于该模型充分依赖滑坡历史数据。

5.3　基于数理统计的极端降雨诱发地质灾害风险预警区划研究

5.3.1　极端降雨诱发地质灾害预报模型建立

1. 前期有效降雨量计算

用于泥石流灾害分析的雨量数据一般是当天及前几天每天的雨量记录，有些地区也选用小时甚至分钟雨量进行分析，但是考虑到泥石流发生特点及多数地区实际监测情况，当天及前几天的雨量则成为最重要、最通用的分析数据。但是由于地表径流的产生、水分的蒸发等过程，进入岩土体的雨量小于实际记录雨量，即记录到的雨量特别是前期降雨不能全部对泥石流的发生产生影响。故采用前期有效降雨量的概念。

所谓前期有效降雨量，是指前期降雨进入岩土体并一直滞留至研究当天的雨量。国外学者对此已作过相应的研究，并提出了计算进入岩土体雨量的经验公式：

$$r_{a_0} = kr_1 + k^2 r_2 + \cdots + k^n r_n \qquad (5\text{-}21)$$

式中：r_{a_0} 为对于第 0 天前期有效降雨量；k 为有效雨量系数；r_n 为前第 n 天的降雨量。k 一般取 0.84，尽管这一方法及 k 值是根据北美某地区的数据计算得到的，但是在世界其他许多地方的检验效果都比较理想。

吉林省汛期地质灾害预警预报前期降雨量主要是前三天的实际降雨量。

2. 预警预报模型建立

地质灾害预警预报模型的建立对提高地质灾害气象预警预报有着极其重要的作用。据刘传正（2004）地质灾害气象预警预报准确率达 50% 以上，可以有效地指导地方政府的防灾减灾工作，提高地质灾害群测群防工作的针对性。

目前国内外地质灾害预警预报模型的建立主要有两种思路：一是基于大范围的统计模型，由于其预警预报范围较大，对辖区地质灾害发生机理进行宏观分析，从而得到符合该区域的预警模型；二是对单体地质灾害进行分析，从地质灾害发生的微观结构进行机理分析，得到符合该区域特定灾害种类的预警模型。作为省级地质灾害预警预报机构，面对全省进行地质灾害信息发布，因此采用第一种思路建立预警模型更合适。

吉林省地质灾害预警预报模型研究思路：结合吉林省实际地质灾害发生情况

以及历年地质灾害预警预报结果,建立区域预警模型。吉林省地质灾害预警预报发布级别主要是三级和四级,至今尚未发布五级预警,因此对吉林省地质灾害预警预报模型的研究可以转化为解决在什么样的降雨情况下,吉林省发布地质灾害三级或者四级预报。因此,对吉林省曾经发布三级或者四级预报信号时发生地质灾害的区域进行统计分析。

统计模型的建立主要有两步:一是对全省进行地质灾害预警区划;二是统计以往发生地质灾害时的实际降雨情况。对全省地质灾害预警区划已经在第 4 章进行了详细划分。根据吉林省 2004～2010 年实际发生地质灾害时的降雨情况进行了统计,见表 5-2。

表 5-2 吉林省 2004～2010 年发生地质灾害时降雨情况统计表

序号	前期降雨量(mm)	预报降雨量(mm)	易发级别	预警等级	序号	前期降雨量(mm)	预报降雨量(mm)	易发级别	预警等级
1	33	38	高	3	27	64	50	高	4
2	69	13	低	3	28	20	50	高	3
3	98	36	中	4	29	115	21	高	4
4	37	36	中	3	30	127	21	高	4
5	54	24	高	3	31	40	21	高	3
6	36	24	高	3	32	83	22	高	4
7	37	49	中	3	33	40	22	高	3
8	45	12	高	3	34	72	22	高	4
9	0	63	高	3	35	48	32	中	3
10	30	40	中	3	36	54	45	低	3
11	46	17	中	3	37	65	32	中	3
12	26	40	中	3	38	60	16	中	3
13	24	40	中	3	39	64	20	中	3
14	30	40	中	3	40	51	28	高	3
15	37	40	中	3	41	46	23	高	3
16	4	63	高	3	42	50	39	中	3
17	1	63	高	3	43	70	21	中	3
18	24	32	中	3	44	90	14	中	3
18	76	9	高	3	45	99	10	中	3
20	73	9	高	3	46	22	53	高	4
21	90	46	高	4	47	3	68	中	3
22	87	46	高	4	48	34	53	高	4
23	47	46	高	3	49	8	36	高	3
24	30	24	高	3	50	55	12	高	3
25	17	36	高	3	51	29	34	高	3
26	50	50	高	4					

由于预报降雨量对在预警区域内可能发生的地质灾害起到触发作用，结合前期降雨资料，建立吉林省地质灾害预警预报模型如下：

$$P = \nu \cdot R \tag{5-22}$$

式中：P 为预警预报综合指数；ν 为易发指数，高易发区 $\nu = 1.5$，中易发区 $\nu = 1.25$，低易发区 $\nu = 1.0$；R 为有效降雨量。

预警预报综合指数处于不同范围时，发布对应的预警预报结果。P 值分级处理标准见表 5-3。

表 5-3 预警预报结果分级处理标准

$P \geqslant 150$	$P \in [110, 150)$	$P \in [75, 110)$	$P \in [50, 75)$	$P < 50$
5 级	4 级	3 级	2 级	1 级

5.3.2 极端降雨诱发地质灾害风险预警区划

1. 评价思路

将吉林省地质灾害易发区以 5km×5km 单元格进行划分，共划分 5746 个单元格。根据以往资料，将每个单元格对应的影响因子进行赋值。每个单元格作为一个待评物元，运用基于最优赋权理论的可拓学评价模型进行分析（图 5-6），确定其对应的分级。

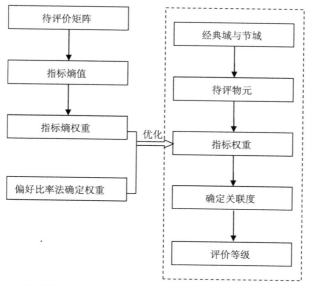

图 5-6 基于最优组合赋权理论的地质灾害预警区划可拓学评价模型

2. 参评指标确定

在地质灾害可拓学评价模型的研究中，根据吉林省地质灾害调查结果以及地质环境背景条件确定已有灾害点数量、地形地貌、地质构造、岩土体类型、多年平均降雨量、植被覆盖率以及人类工程活动影响 7 个因子作为地质灾害预警区域划分的参评指标。由于各个评价指标的数值及使用的单位都不同，有的指标是定性的，因此可以通过归一化的方法进行量化处理，将指标定量化。

效益型指标——指标值越大越好的指标：

$$y = \begin{cases} 1 & x \geqslant x_{\max} \\ \dfrac{x - x_{\min}}{x_{\max} - x_{\min}} & x_{\min} < x < x_{\max} \\ 0 & x \leqslant x_{\min} \end{cases} \tag{5-23}$$

成本型指标——指标值越小越好的指标：

$$y = \begin{cases} 1 & x \leqslant x_{\min} \\ \dfrac{x_{\max} - x}{x_{\max} - x_{\min}} & x_{\min} < x < x_{\max} \\ 0 & x \geqslant x_{\max} \end{cases} \tag{5-24}$$

式中：y 为定量指标评价值（量值）；x 为有量纲指标实际值；$x_{\max}$ 为有量纲指标最大值；$x_{\min}$ 为有量纲指标最小值。

根据吉林省地质灾害预警区域划分中考虑的各个评价指标的实际情况确定成本型或者效益型的归一化格式。将每一个单元格都按照相同的指标进行评价，每一个指标都给出最大值和最小值。

采用归一化的方法将各个指标进行指标量化，以便分析，指标量值见表 5-4。将各个指标归一化之后划定其分类标准，划分标准见表 5-5。

表 5-4　地质灾害预警分区可拓学综合评价指标

序号	评价指标	类别	对应量值
1	地形地貌	中起伏火山中山	0.5
		熔岩丘陵	0.35
		起伏的熔岩高台山	0.45
		倾斜的熔岩高台山	0.40
		平坦的熔岩高台山	0.20
		起伏的熔岩低台山	0.30
		倾斜的熔岩低台山	0.25

续表

序号	评价指标	类别	对应量值
1	地形地貌	平坦的熔岩低台山	0.10
		熔岩谷地	0.75
		侵蚀剥蚀中起伏中山	0.90
		侵蚀剥蚀小起伏中山	0.85
		侵蚀剥蚀低山	0.70
		侵蚀剥蚀丘陵	0.65
2	岩土体类型	坚硬的中厚层状以碳酸盐岩为主的岩组	0.25
		坚硬的块状以混合岩片麻岩为主的岩组	0.40
		较坚硬的中厚层状碳酸盐岩与砂砾岩互层的岩组	0.35
		较坚硬的中厚层状砂砾岩互夹碳酸盐岩的岩组	0.40
		坚硬的中层状以砂砾岩为主的岩组	0.60
		坚硬块状以花岗岩为主的侵入岩岩组	0.25
		较坚硬的中层状火山喷发沉积的碎屑岩组	0.65
		较坚硬的中厚层以砂砾岩层为主的岩组	0.75
		较弱的中厚-薄层状以砂砾岩为主的岩组	0.80
		较坚硬夹较弱的中厚-薄层状以砂砾岩为主的岩组	0.90
		较坚硬夹较弱的中厚-薄层状砂砾岩黏土岩互层岩组	0.95
		较弱的中厚-薄层状以黏土岩为主的岩组	1.0
		较坚硬的中厚层-薄层状板岩、千枚岩、片岩为主的岩组	0.60
		黏性土、砂类土、卵砾类土	0
3	地质构造	大于等于三条构造	1.0
		两条构造	0.8
		一条构造	0.4
		没有构造通过	0
4	灾害点密度	大于等于三个	1.0
		两个灾害点	0.8
		一个灾害点	0.4
		没有灾害点	0
5	人类工程活动	十分强烈	0.9
		强烈	0.6
		较强烈	0.3
		不强烈	0

续表

序号	评价指标	类别	对应量值
6	森林覆盖率	≥90%	0
		80%～90%	0.2
		70%～80%	0.4
		50%～70%	0.6
		30%～50%	0.8
7	年平均降雨量	≤500mm	0
		500～600mm	0.3
		600～700mm	0.5
		700～800mm	0.65
		800～900mm	0.75
		900～1000mm	0.83
		1000～1100mm	0.85
		1100～1200mm	0.93
		1200～1300mm	0.95
		≥1300mm	1.0

表 5-5　地质灾害预警分区各指标分类标准

代号	参评指标	易发程度分区			
		高（IV）	中（III）	低（II）	非（I）
C1	森林覆盖率	0.8～1.0	0.4～0.8	0.2～0.4	0～0.2
C2	多年平均降雨量	0.8～1.0	0.6～0.8	0.2～0.6	0～0.2
C3	地形地貌	0.8～1.0	0.5～0.8	0.3～0.5	0～0.3
C4	地质构造	0.8～1.0	0.6～0.8	0.3～0.6	0～0.3
C5	岩土体类型	0.7～1.0	0.5～0.7	0.3～0.5	0～0.3
C6	已有灾害点数量	0.7～1.0	0.4～0.7	0.2～0.4	0～0.2
C7	人类工程活动	0.7～1.0	0.4～0.7	0.2～0.4	0～0.2

3. 权重确定

根据偏好比率法，对各评价指标间有如下偏好比率判断：$a_{12}=1/3$，$a_{13}=1/5$，$a_{14}=1/4.5$，$a_{15}=1/2.5$，$a_{16}=1/4$，$a_{17}=1/2$，$a_{23}=1/1.5$，$a_{24}=1/2$，$a_{25}=1/1.5$，$a_{26}=1/3$，$a_{27}=1$，$a_{34}=1.5$，$a_{35}=2$，$a_{36}=1/1.5$，$a_{37}=1.5$，$a_{45}=2$，$a_{46}=1/1.5$，$a_{47}=1$，$a_{56}=1/2$，$a_{57}=1/1.5$，$a_{67}=3$

确定各指标的主观权重系数为

$$q_j = (0.0453, 0.0960, 0.1997, 0.1668, 0.1049, 0.2905, 0.0968)^{\mathrm{T}}$$

根据式（5-12）、式（5-13）、式（5-14）由熵值法确定各指标的客观权重为

$$q_j = (0.123, 0.207, 0.103, 0.048, 0.132, 0.266, 0.121)^{\mathrm{T}}$$

根据式（5-15）、式（5-16）、式（5-17）、式（5-18）建立最优组合权系数模型，求解最优化模型得

$$x_1'' = 0.7322, x_2'' = 0.2678$$
$$W = (0.0662, 0.1257, 0.1738, 0.1350, 0.1121, 0.2839, 0.1033)^{\mathrm{T}}$$

4. 基于最优组合赋权理论的可拓学评价

根据评价模型确定经典域 R_{01}、R_{02}、R_{03}、R_{04} 和节域 R_p，然后将 5km×5km 划分的每一个单元格作为一个待评单元，对其每一项指标进行量化赋值，利用最优组合赋权理论确定权系数，然后按照公式进行编程，将每个单元格的参数代入计算，即可算得每个单元格的可拓学评价结果。

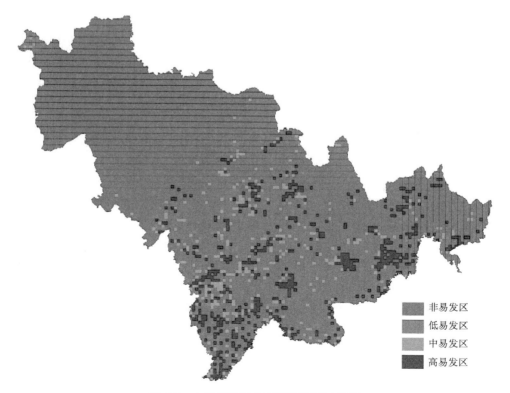

图 5-7　吉林省地质灾害预警区划评价图

例如，某一网格的数据为

$$R_1 = \begin{bmatrix} N_1 & c_1 & 0.4 \\ & c_2 & 0.75 \\ & c_3 & 0.70 \\ & c_4 & 0.4 \\ & c_5 & 0.25 \\ & c_6 & 1.0 \\ & c_7 & 0.3 \end{bmatrix} \tag{5-25}$$

经判定 R_1 为IV级，对应的预警区划级别为高易发区。通过该方法就可以得到研究区所有单元格的评价等级，从而就可以得到吉林省地质灾害预警区划的可拓学评价图（图 5-7）。

5.4 基于风险评价的极端降雨诱发地质灾害风险预警区划研究

5.4.1 基于风险评价的地质灾害预警警源识别警兆分析

警源识别是预警研究的关键环节，通过对警源进行定性分析，找到影响地质灾害风险预警的关键因素。地质灾害风险预警的警源起因于诸多风险因子的综合作用，本节对警源的分析主要考虑自然因素及社会经济因素对吉林省东南部山区地质灾害的影响。

1. 基于风险评价的地质灾害预警警源识别

警源是引起警情的各种可能因素。风险预警的警源可以分为两类：内生警源与外生警源。内生警源指所研究对象系统内部的影响因素；外生警源指所研究对象系统外部的影响因素。对于地质灾害风险预警，其内生警源为直接影响地质灾害发生的所有因素，是地质灾害能否发生的充分条件，它将直接影响地质灾害是否可以发生，主要是降水因素及地质构造、岩性等状况；其外生警源为影响地质灾害造成损失的所有因素，山区地质灾害所造成损失主要包括经济损失和生命损失，对潜在经济损失和生命损失造成直接影响的所有因子即为外生警源。

经济潜在损失是指受到危险因素威胁的所有财产。地质灾害所造成的直接经济损失包括牲畜伤亡、房屋毁坏、农田毁坏等。

生命潜在损失是指在给定危险区内的承灾体由于危险因素而遭受的伤害或损失程度。生命潜在损失的影响因子即暴露于研究区的所有人口，其中老幼人口极易受到灾害的影响，在地质灾害事故中伤亡人员主要为老人和幼儿，因此选择0~6岁、60岁以上年龄人口数作为衡量生命潜在损失的另一个重要指标。

防灾减灾能力的大小影响受灾区在地质灾害发生时和发生后的恢复能力，较强的防灾减灾能力能缓解地质灾害所造成的影响。良好的防控点能迅速检测地质灾害；大型清障设备数量及公路网密度使得救灾人员能在较短的时间内到达地质灾害发生点；政府防灾资金投入的大小能够决定地质灾害的预测准确与发生时的救助以及发生后的恢复。因此选取防灾资金投入（万元）、监测点（个）、大型清障设备（个）来衡量地质灾害防灾减灾能力的大小。

2. 基于风险评价的地质灾害预警警兆分析

吉林省极端降水诱发山区地质灾害风险预警的警兆依据对警源的分析，分为从外生警源产生的外生警兆和内生警源产生的内生警兆（表 5-6）。内生警兆是对内生警源的综合性评价，表现为发生滑坡、崩塌、泥石流等地质灾害的可能性，本节用逻辑回归法对内生警兆进行分析；外生警兆是外生警源所造成的地质灾害潜在损失的综合评价，它与经济因子（E）、人口因子（PO）和防灾减灾能力因子（R）有着密切的关系。

表 5-6 极端降雨诱发山区地质灾害风险预警警兆

警兆	因子
内生警兆	地质灾害发生可能性
外生警兆	经济因子
	人口因子
	防灾减灾能力因子

5.4.2 基于风险评价的地质灾害预警模型构建

从前面的分析中，已经确定了极端降雨诱发山区地质灾害风险预警的警源和警兆，通过警源警兆的确定构建降雨诱发地质灾害风险预警的指标体系和预警模型。指标体系的建立，有利于有目的性地对各指标的状态进行监控。

1. 指标体系建立步骤

极端降雨诱发山区地质灾害风险预警指标的建立采用以下步骤：

（1）对地质灾害的警源进行识别。已在上一部分中论述，从造成地质灾害警情的警源分析中，找出相应的评价警情的警兆指标。

（2）对地质灾害的警兆进行分析。通过第 1 节的分析，已经得到极端降雨诱发山区地质灾害的警兆。

（3）确定警兆的计算模型。内生警兆的计算采用逻辑回归模型；井外生警兆评价采用加权综合评价法，通过对多位不同专业专家的咨询，把各指标按照相对重要程度进行九分位打分，利用专家判断值构造判断矩阵并进行一致性检验得到各指标的权重。

2. 基于风险评价的地质灾害预警指标体系确定

通过分析影响山区地质灾害的警源及警兆，建立极端降雨诱发山区地质灾害风险预警体系，整个体系分为警源、警兆因子和警兆。表 5-7 和表 5-8 分别为极端降雨诱发崩塌、滑坡灾害风险预警指标体系及权重表和极端降雨诱发泥石流灾害风险预警指标体系及权重表。

表 5-7　极端降雨诱发崩塌、滑坡灾害风险预警内生警兆指标体系及权重

目标层	因子层	准则层	指标层	权重
崩塌、滑坡地质灾害风险预警内生警兆指标	内生警兆	崩塌、滑坡发生可能性（$P_{m/t}$）	连续降雨日数/H1	0.2101
			年平均有效降水量/H2	0.1765
			距水系的距离/H3	0.0103
			地下水类型/H4	0.0138
			高程/H5	0.0153
			斜坡结构类型/H6	0.0704
			据地质构造的距离/H7	0.0757
			坡向/H8	0.0338
			坡度/H9	0.033
			地表曲率/H10	0.0278
			岩土体类型/H11	0.0454
			植被覆盖度/H12	0.0274
			土地利用类型/H13	0.0356
			灾害点规模/H14	0.0298
			现状地质灾害点发生频率/H15	0.0867
			灾害点密度/H16	0.1094

3. 基于风险评价的地质灾害预警内生警兆评价模型

1）崩塌、滑坡灾害风险内生警兆评价模型

崩塌、滑坡风险预警指数（COLSEWI）是对崩塌、滑坡的内生警兆（P）和外生警兆（D_g）的综合评价，其预警模型的建立类似于泥石流风险预警指数（DFEWI），对崩塌、滑坡风灾害风险预警指数的计算公式如下

表 5-8　极端降雨诱发泥石流灾害风险预警内生警兆指标体系及权重

因子层	准则层	指标层	权重
泥石流地质灾害风险预警内生警兆指标	内生警兆	泥石流发生可能性（$P_{m/t}$）	连续降雨日数/H1	0.1832
		7~9 月份有效降水量/H2	0.1673
		距水系的距离/H3	0.0419
		地表径流大小/H4	0.0108
		高程/H5	0.0234
		地层岩性/H6	0.0569
		据地质构造的距离/H7	0.0458
		坡向/H8	0.0453
		坡度/H9	0.026
		地表曲率/H10	0.0384
		岩土体类型/H11	0.0578
		植被覆盖度/H12	0.039
		土地利用类型/H13	0.0494
		灾害点规模/H14	0.0376
		现状地质灾害点发生频率/H15	0.0805
		灾害点密度/H16	0.0967

$$\text{COLSEWI} = P \times D_g \tag{5-26}$$

$$P = P_{m/t} = \frac{\exp(b_0 + b_1 x_1 + b_2 x_2 + \cdots + b_k x_k)}{1 + \exp(b_0 + b_1 x_1 + b_2 x_2 + \cdots + b_k x_k)} \tag{5-27}$$

$$D_g = \frac{E(X) \times P_0(X)}{1 + R(X)} \tag{5-28}$$

$$E(X) = w_1 \times X_{E1} + w_2 \times X_{E2} + w_3 \times X_{E3} \tag{5-29}$$

$$P_0(X) = w_1 \times X_{p1} + w_2 \times X_{E2} \tag{5-30}$$

$$R(X) = w_1 \times X_{E1} + w_2 \times X_{E2} + w_3 \times X_{E3} + w_4 \times X_{E4} + w_5 \times X_{E5} \tag{5-31}$$

式中：$P_{m/t}$ 为崩塌、滑坡灾害发生的可能性，$P_{m/t} \in [0,1]$，$P_{m/t}$ 越大，崩塌、滑坡灾害发生的可能性越大；D_g 指崩塌、滑坡风险预警的外生警兆；$E(X)$、$P_0(X)$、$R(X)$ 的值分别表示经济因子、人口因子和防灾减灾能力因子的大小；w 为利用层次分析法得到的 $E(X)$、$P_0(X)$、$R(X)$ 的权重值。当 $R(X)=0$ 且 $E(X)=1$ 时，$D_g=1$；当 $R(X)=1$，$E(X) \times P_0(X)=0$ 时，$D_g=0$；当 $R(X)=1$ 且 $E(X)=1$、$P_0(X)=1$ 时，$D_g=0.5$。

　　2）泥石流灾害风险内生警兆评价模型

　　泥石流风险预警指数（DFEWI）是对泥石流的内生警兆（P）和外生警兆（D_g）

的综合评价，泥石流灾害内生警兆（P）依据逻辑回归模型建立；泥石流的外生警兆与经济因子（E）、人口因子（P_0）和防灾减灾能力（R）有密切关系。泥石流灾害的潜在损失（D_g）与经济因子和人口因子呈正相关，与防灾减灾能力呈负相关；根据以上的分析，对泥石流灾害风险预警指数的计算公式如下

$$\text{DFEWI} = P \times D_g \tag{5-32}$$

$$P = P_{m/t} = \frac{\exp(b_0 + b_1 x_1 + b_2 x_2 + ... + b_k x_k)}{1 + \exp(b_0 + b_1 x_1 + b_2 x_2 + ... + b_k x_k)} \tag{5-33}$$

$$D_g = \frac{E(X) \times P_0(X)}{1 + R(X)} \tag{5-34}$$

$$E(X) = w_1 \times X_{E1} + w_2 \times X_{E2} + w_3 \times X_{E3} \tag{5-35}$$

$$P_0(X) = w_1 \times X_{p1} + w_2 \times X_{E2} \tag{5-36}$$

$$R(X) = w_1 \times X_{E1} + w_2 \times X_{E2} + w_3 \times X_{E3} + w_4 \times X_{E4} + w_5 \times X_{E5} \tag{5-37}$$

式中：$P_{m/t}$ 为泥石流灾害发生的可能性，$P_{m/t} \in [0,1]$，$P_{m/t}$ 越大，泥石流灾害发生的可能性越大；D_g 指泥石流风险预警的外生警兆；$E(X)$、$P_0(X)$、$R(X)$ 的值分别表示经济因子、人口因子和防灾减灾能力因子的大小；w 为利用层次分析法得到的 $E(X)$、$P_0(X)$、$R(X)$ 的权重值。当 $R(X)=0$ 且 $E(X)=1$ 时，$D_g=1$；当 $R(X)=1$，$E(X) \times P_0(X) = 0$ 时，$D_g=0$；当 $R(X)=1$ 且 $E(X)=1$、$P_0(X)=1$ 时，$D_g=0.5$。

表 5-9 外生警兆指标及权重

因子层	准则层	指标层	权重
外生警兆	人口暴露度	人口密度/E1	0.085
	经济暴露度	人均 GDP/E2	0.1503
		耕地面积/E3	0.4813
		路网密度/E4	0.1606
		建筑用地面积/E5	0.1228
	人口脆弱度	老幼人口比例/V1	0.2395
	经济脆弱度	农业总产值/V2	0.2373
		播种面积/V3	0.5232
	政策法规	政府防灾资金投入/R1	0.3356
		减灾防灾预案的制定/R2	0.1645
	防灾物资	大型清障设备数量/R3	0.0453
	减灾规划	监测点数量/R4	0.2502
	预警预报	地质灾害预报预警准确率/R5	0.2043

4. 基于风险评价的地质灾害预警外生警兆评价模型

外生警兆评价采用加权综合评价法，通过对多位草原火灾专业专家的咨询，把各指标按照相对重要程度进行九分位打分，通过专家打分构造判断矩阵计算出各指标的权重 （表 5-9）。

5.4.3 基于风险评价的极端降雨诱发地质灾害预警研究

1. 基于风险评价的地质灾害预警区划

利用最优分割法对于极端降雨诱发山区地质灾害风险预警阈值进行了定量的、客观的划分。作为分析数据特征的一种聚类方法，最优分割法将一个数据集划分为若干个类，使得类型内相似性尽可能大且类型间相似性尽可能小，进而保证了等级之间的差别很大，与传统的对预警等级进行划分具有明显的优势。对所有样本的预警值进行最优分割（表 5-10），并确定最优预警等级及阈值，进而以此为依据进行极端降雨诱发山区地质灾害风险预警。确定极端降雨诱发山区地质灾害风险预警等级为深绿色、浅绿色、黄色、橙色、红色，颜色和预警级别对应关系见表 5-10，针对不同的预警级别，预警信号的颜色不同，表达的地质灾害风险程度也不同。

表 5-10 极端降雨诱发山区地质灾害风险预警发布标准

预警信号	风险评价指数等级	预警等级	警区	是否发布	是否干预
深绿色	极低风险	无	极低风险区	不发布	否
浅绿色	低风险	四级预警	低风险区	发布	否
黄色	中等风险	三级预警	中等风险区	发布	是
橙色	高风险	二级预警	高风险区	发布	是
红色	极高风险	一级预警	极高风险区	发布	是

图 5-8 为山区地质灾害风险预警区划图。

1）崩塌、滑坡灾害风险预警区划

基于表 5-7 中崩塌、滑坡灾害风险各因子权重和 ArcGIS 10.2 软件平台，得到通化县崩塌、滑坡灾害风险预警区划结果（图 5-9），并将其分为极低风险预警区、低风险预警区、中风险预警区、高风险预警区和极高风险预警等五个崩塌、滑坡灾害风险预警等级；分析其构成组分可知，极低风险预警区占比 33.05%，低风险预警区占比 21.21%，中风险预警区占比 16.83%，高风险预警区占比 13.53%，极高风险预警区占比 15.38%。其中，极高风险预警区和高风险预警区分布较为零散，主要分布在区域中南部地区，三棵榆树镇和英额布镇北部、大泉源和大川等处；

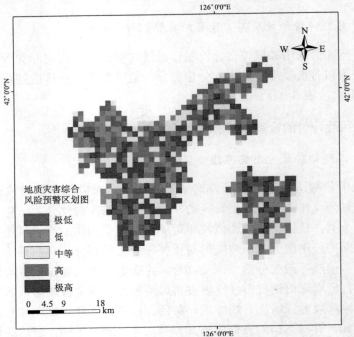

图 5-8 地质灾害风险预警区划图

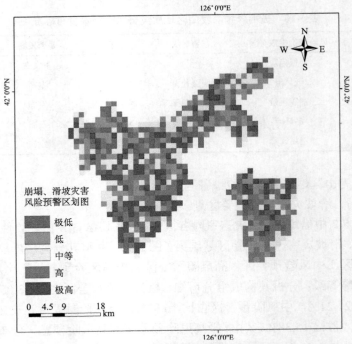

图 5-9 崩塌、滑坡灾害风险预警区划图

此外，通化县飞地东来、果松镇北部等地也有极高风险预警区的分布；中风险区主要分布在区域中部和飞地中南部地区英额布镇、大都岭、石湖镇等处；低风险预警和较低风险预警区主要集中于通化县北部和东北部地区，四棚、干沟和兴林镇等地。

　　2）泥石流灾害风险预警区划

　　基于自然灾害风险形成理论，得到研究区域泥石流灾害风险预警区划（图5-10），并根据分位数分类法将其分为五个泥石流灾害风险预警等级；分析其构成组分可知，极低风险预警区占比 31.37%，低风险预警区占比 17.71%，中风险预警区占比 18.05%，高风险预警区占比 16.51%，极高风险预警区占比 16.36%。从图中可得，研究区内泥石流灾害高风险预警区主要分布在通化县中部区域和南部区域，通化县飞地的北部泥石流灾害风险也较高。

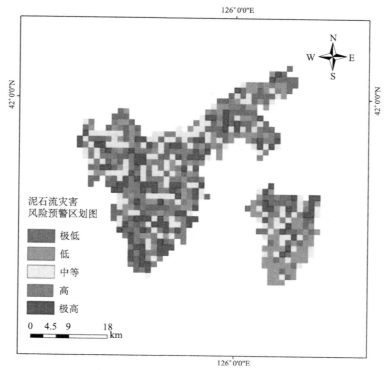

图 5-10　泥石流灾害风险预警区划图

2. 基于风险评价的地质灾害预警实例

　　按照上述风险预警理论和方法，以 2013 年 6 月 3 日吉林省通化县内快大茂镇湾湾川村旁通快一级公路通化县与通化市交界处发生滑坡案例为例对吉林省东南部山区进行风险预警。将崩塌、滑坡灾害发生当日内、外生警源各个指标进行网格化，计算每个网格的崩塌、滑坡灾害风险预测概率值，用公式计算每个网格的崩塌、滑坡灾害风险预警值，得到崩塌、滑坡灾害风险预警图，由此进行对崩塌、滑坡灾害动态预警，图中红点为崩塌、滑坡灾害地点，网格颜色的深浅表示预警值（图 5-11）。

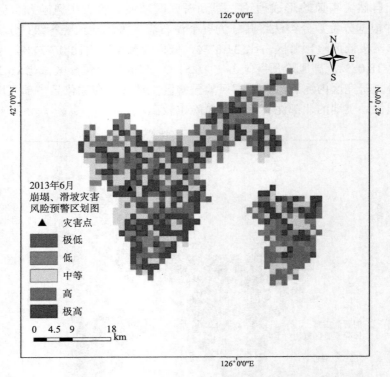

图 5-11　2013 年 6 月 3 日崩塌、滑坡灾害预警

　　按照上述风险预警理论和方法，以 2015 年 8 月 4 日吉林省通化县内快大茂镇大茂山下乌拉草沟处发生泥石流案例为例对吉林省东南部山区进行风险预警。将泥石流灾害发生当日内、外生警源各个指标进行网格化，计算每个网格的泥石流灾害风险预测概率值，用公式计算每个网格的泥石流灾害风险预警值，得到泥石流灾害风险预警图，由此进行泥石流灾害动态预警，图中红点为泥石流灾害地点，网格颜色的深浅表示预警值（图 5-12）。

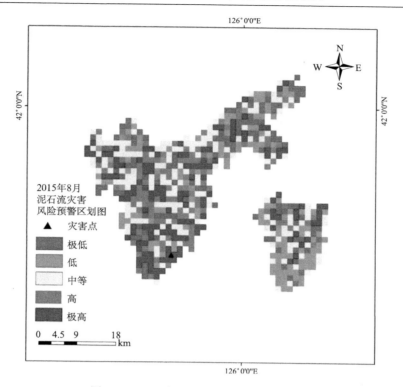

图 5-12　2015 年 8 月 4 日泥石流灾害预警

参 考 文 献

操丽, 邓清禄, 耿丹, 等. 2013. 基于 GIS 与模糊逻辑法的川气东送管道地质灾害危险性评价. 安全与环境工程. 20(6): 38-42, 48.

陈鹏, 张立峰, 孙滢悦, 等. 2016. 城市暴雨积涝灾害风险预警理论与方法研究. 农业灾害研究, 6(1): 38-41.

陈学军, 余意, 李培俊. 2014. 模糊数字理论评估 "桂林博览园" 地质灾害危险性的研究. 路基工程, (6): 31-36.

单玉香, 鄂建, 黄敬军, 等. 2015. 江苏省突发地质灾害气象风险预警模型优化与应用. 中国地质灾害与防治学报, 26(1): 122-126.

关凤峻. 2014. 地质灾害风险预警工作进展与思考. 中国应急管理, (1): 7-9.

胡娟, 闵颖, 李华宏, 等. 2016. 云南省地质灾害精细化气象风险预警模型优化研究. 灾害学, 31(4): 110-115.

胡圣武, 王育红. 2015. 基于事件树和模糊理论的 GIS 动态地质灾害评估. 武汉大学学报, 40(7): 983-989.

姬怡微. 2013. 降雨诱发地质灾害预警预报研究. 西安: 长安大学.

李大鸣, 吕会娇. 2011. 山区暴雨泥石流预报数学模型的研究. 中国农村水利水电, (6):

24-28.

李术才, 薛翊国, 张庆松, 等. 2008. 高风险岩溶地区隧道施工地质灾害综合预报预警关键技术研究. 岩石力学与工程学报, 27(07): 1297-1307.

李铁锋, 丛威青. 2006. 基于 Logistic 回归及前期有效雨量的降雨诱发型滑坡预测方法. 中国地质灾害与防治学报, 17(1): 33-35.

刘传正. 2014. 中国地质灾害气象预警方法与应用. 岩土工程界, 7(7): 17-18.

刘兴权, 姜群鸥, 战金艳. 2008. 地质灾害预警预报模型设计与应用. 工程地质学报, 16(3): 342-347.

彭端, 梁国锋, 梁健, 等. 2013. 基于模糊人工神经网络的精细化地质灾害气象风险预警探讨. 中国气象学会年会.

戚国庆. 2004. 降雨诱发滑坡机理及其评价方法研究. 成都: 成都理工大学.

史培军. 2005. 四论灾害系统研究的理论与实践. 自然灾害学报, 14(06): 1-7.

宋光齐, 李云贵, 钟沛林. 2004. 地质灾害气象预报预警方法探讨——以四川省地质灾害气象预报预警为例. 水文地质工程地质, 31(2): 33-36.

王志敏, 汪飞. 2015. 基于 GIS 的省级地质灾害气象风险预警系统. 全球定位系统, 40(1): 72-75.

吴树仁, 金逸民, 石菊松, 等. 2004. 滑坡预警判据初步研究——以三峡库区为例. 吉林大学学报(地球科学版), 34(4): 596-600.

吴益平, 殷坤龙, 姜玮. 2009. 浙江省永嘉县滑坡灾害风险预警研究. 自然灾害学报, 18(2): 124-130.

吴跃东, 向钒, 马玲. 2008. 安徽省地质灾害气象预警预报研究. 灾害学, 23(4): 25-29, 35.

肖伟, 黄丹, 黎华, 等. 2005. 地质灾害气象预报预警方法研究. 地质与资源, 14(4): 274-278.

谢剑明, 刘礼领, 殷坤龙, 等. 2003. 浙江省滑坡灾害预警预报的降雨阀值研究. 地质科技情报, 22(4): 101-105.

殷坤龙, 陈丽霞, 张桂荣. 2007. 区域滑坡灾害预测预警与风险评价. 地学前缘, 14(6): 85-97.

岳建伟, 王斌, 刘国华, 等. 2008. 地质灾害预警预报及信息管理系统应用研究. 自然灾害学报, 17(6): 60-63.

张红兵. 2006. 云南省地质灾害预报预警模型方法. 中国地质灾害与防治学报, 17(1): 40-42.

赵彦宁, 孙秀菲. 2012. 吉林省地质灾害发育特征及防治对策研究. 吉林地质, 31(2): 117-122.

周平根. 2003. 中国地质灾害早期预警体系建设与展望. 地质通报, 22(7): 527-530.

朱照宇, 周厚云, 黄宁生, 等. 2001. 广东沿海陆地地质灾害区划. 地球学报, 22(5): 453-458.

Glade T. 2000. Modelling landslide-trigering rainfalls in different regions of New Zealand - the soil water status model Zeitschrift für Greomorphologie NF, 122: 63-84. A case study of Dikrong River basin, Arunachal Pradesh, India. Environmental Geology, 54(7): 1517-1529.

Li S C, Zhou Z Q, Li L P, et al. 2016. A new quantitative method for risk assessment of geological disasters in underground engineering: Attribute Interval Evaluation Theory (AIET).

Tunnelling and Underground Space Technology, 53: 128-139.

Liang S Y, Wang Y X, Wang Y. 2011. Risk assessment of geological hazard in Wudu Area of Longnan City, China. Applied Mechanics & Materials, 39(15): 1263-1269.

Phan T T. 2003. Remote Sensing and GIS for Warning of Geological Hazards: Application in Vietnam. Early warning system for Natural disaster reduction, 753-762.

Ragozin A L, Tikhvinsky I O. 2000. Landslide hazard, vulnerability and risk assessment. International Sysmposium on Landslides.

Yi L. 2010. Research on the contribution-ratio predication method applied to the predication and warning of the risk of roadbed geological hazards. Energy Procedia, 11: 4363-4370.

第6章 极端降雨诱发地质灾害风险管理对策研究

6.1 极端降雨诱发地质灾害风险管理理论体系

6.1.1 灾害风险管理的定义

灾害管理也可以称为防灾减灾工作的管理,即指对人类活动的管理。通过灾害管理实现对灾害的监测、预警和设防;通过灾害管理,实现对受灾地区的救助、恢复和重建。

灾害风险管理是指一个系统过程,即通过行政命令、机构组织、工作技能和能力来实施战略、政策等,以减轻由致灾因子带来的不利影响和可能发生的灾害。这个定义是更为普及的"风险管理"定义的延伸,针对与灾害风险相关的问题。灾害风险管理的目的是通过防灾、减灾和备灾活动和措施来避免、减轻或者转移致灾因子带来的不利影响。即灾害风险管理是针对未来不利事件情景的风险管理,其与灾害管理的最大区别是:前者注重不确定灾害事件的管理;后者注重明确的灾害事件的管理。灾害风险管理是灾害管理的一种升华。

灾害风险管理对策的选择主要依据灾害损失和损失概率之间的关系,即

$$灾害风险=灾害引起的损失概率×灾害引起的损失$$

根据上述的灾害风险的定义,由图 6-1 可知,灾害风险的减轻是通过预防/备灾和防灾/减灾综合作用来实现的。

图 6-1 灾害风险管理概念

6.1.2　地质灾害风险管理理论

地质灾害风险管理是指风险管理主体通过对风险的认识、衡量和分析，优化组合最佳风险管理技术，以最小成本使生产经营者获得最大安全保障的一系列经济管理活动。地质灾害风险管理既是影响城镇发展以及国民经济发展状况的一个基本管理范畴，也是现代经济生产活动中一项不可或缺的组成部分。其主要功能有两个：一是减少地质灾害风险发生的可能性；二是降低地质灾害风险给城镇、人民造成意外损失的程度。所谓地质灾害综合风险管理指人们对可能遇到的各种地质灾害风险进行识别、估计和评价，并在此基础上综合利用法律、行政、经济、技术、教育与工程手段，优化组合各类防灾减灾措施以求最大限度地降低地质灾害造成的损失，通过整合的组织和社会协作，通过全过程的灾害管理，提升地质灾害风险管理和防灾减灾的能力，以有效地预防、回应、减轻各种地质灾害，从而保障城镇发展，公共利益以及人们的生命、财产安全，实现系统的可持续发展。地质灾害综合风险管理以对地质灾害风险的科学评价为基础，能够为评价各地区地质灾害的危险性、暴露性、脆弱性和防灾减灾能力提供科学的计算方法，又能够用系统的方法比较各种防灾减灾措施的成本及取得的减灾效益，从而得到各种防灾减灾措施的最佳组合。总之，地质灾害综合风险管理为对地质灾害风险进行全面、合理地处置提供了可能。从地质灾害综合风险管理的本质来看，它不是消极地承受地质灾害风险，而是积极地预防和应对地质灾害风险，有利于各种地质灾害防灾减灾资源的有效配置，有利于最大限度地消除地质灾害给我国的经济、社会带来的各种不利影响，为社会经济发展提供最大的安全保障。地质灾害综合风险管理模式核心是全面整合的模式，其管理体系体现着一种灾害管理的哲思与理念，一种综合减灾的基本制度安排，一种灾害管理的水准及整合流程，一种独到灾害管理方法及指挥能力。

6.2　极端降雨诱发地质灾害风险管理技术体系

6.2.1　地质灾害风险管理的必要性

灾害风险评价与风险管理是目前国际上防灾减灾和灾害管理较先进的措施和模式，因而受到国内外学术界和灾害管理者的重视，并成为灾害科学、地球科学的发展方向与重点领域和前沿课题。灾害风险指未来若干年内可能达到的灾害程度及其发生的可能性。灾害风险评价是一项在灾害危险性、灾害危害性、灾害预测、社会承灾体易损性或脆弱性、减灾能力分析及相关的不确定性研究的基础上进行的多因子综合分析工作。灾害风险管理是指人们对可能遇到的各种灾害风险进行识别、估计和评价，并在此基础上有效地控制和处置灾害风险，以最低的成本实现最大安全保障的决策过程，它将灾前降低风险、灾害时应急对应和灾后恢复三个阶段融于一体对灾害实行系统、综合管理，其管理范围涉及灾害系统的各个环节，因此，是一种最全面和高级的灾害管理模式。灾害风险评价和风险管理的研究目的是为所有灾害易发区的政策制定者提供信息，以提高他们的风险评价和管理的能力，进而实现防灾减灾。灾害风险评价作为一门新型学科或研究课题提出来，正是灾害科学及经济建设所需要的必然结果。它是防灾减灾领域的一项基础工作，在减灾规划与预案制定、国土规划利用、重大工程建设、金融投资、灾害风险管理与经营、灾害保险、防灾减灾效益评价、法律法规制定等方面都起着重要作用，在社会经济建设中有着重要的科学和应用价值，而且也是科学决策、管理、规划的重要内容。

灾害作为重要的可能损害之源，历来是各类风险管理研究的重要对象，引起了国内外防灾减灾领域的普遍关注。特别是 20 世纪 90 年代以来，灾害风险管理工作在防灾减灾中的作用和地位日益突显，灾害风险评价是制定灾前降低灾害风险和灾害发生过程中应急减灾措施的前提和关键，是当前国际减灾领域的重要研究前沿（张继权等，2011）。地质灾害是目前造成损失最大的灾害之一。频率高、强度大的地质灾害给我国带来严重的经济损失，已成为各地有关部门重点关注和研究的对象。地质灾害作为自然灾害的重要部分，在未来气候变化的情况下，风险也将越来越大，其风险评价和预测研究越来越引起各国政策制定者和学者的关注。当前地质灾害风险研究既是灾害学领域中研究的热点，又是当前政府相关管理部门和有关部门亟需的应用性较强的课题，因此受到国内外学者的重视。如何准确、定量地评价地质灾害产生的影响，对国家目前结构调整，特别是城镇可持续发展、防灾减灾对策和措施的制定意义重大。

6.2.2   地质灾害风险管理的原则

1. 全灾害的管理

地质灾害综合风险管理要从单一灾害处理的方式转化为全灾害管理的方式，这包括制定统一的战略、统一的政策、统一的灾害管理计划、统一的组织安排、统一的资源支持系统等。全灾害管理有助于利用有限的资源达到最大的效果（张继权等，2012）。

2. 全过程的灾害管理

如图 6-2 和图 6-3 所示，地质灾害综合风险管理贯穿灾害发生发展的全过程，包括灾害发生前的日常风险管理（预防与准备）、灾害发生过程中的应急风险管理及灾害发生后的恢复和重建过程中的危机风险管理。风险管理过程是不断循环和完善的过程，主要包括四个阶段：疏缓（防灾／减灾）、准备、回应（应急和救助）和恢复／重建。

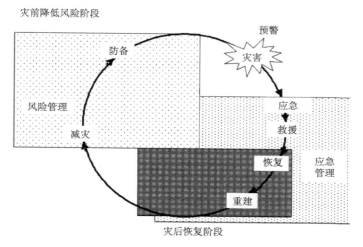

图 6-2　地质灾害综合风险管理周期

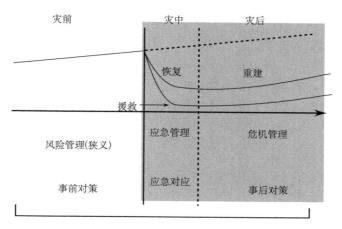

图 6-3　地质灾害综合风险管理的全过程的风险管理模式

3. 成本与效益分析原则

地质灾害综合风险管理需要成本投入，成本投入越高，相应的风险管理能力也越强。因此，风险管理的目标就是以最小的风险管理成本获得最大的安全保障，从而实现成本最小化和效益最大化。

4. 整合的灾害管理

整合的灾害管理强调政府、公民社会、企业、国际社会和国际组织的不同利益主体的灾害管理的组织整合、灾害管理的信息整合和灾害管理的资源整合，形成一个统一领导、分工协作、利益共享、责任共担的机制。通过激发在防灾减灾方面不同利益主体间的多层次、多方位（跨部门）和多学科的沟通与合作确保公众共同参与、不同利益主体行动的整合和有限资源的合理利用。

5. 全面周到原则

所谓全面周到的地质灾害综合风险管理，是指围绕地质灾害综合风险管理的总体目标，通过在风险管理的各个环节和风险处理过程中执行风险管理的基本流程，培育良好的风险管理意识，建立健全全面风险管理体系，包括风险管理策略、风险管理措施、风险管理的组织职能体系、风险管理信息系统和内部控制系统，从而为实现风险管理的总体目标提供合理保证的过程和方法。

6. 灾害管理的综合绩效原则

地质灾害综合风险管理所强调的是以绩效为基础的管理，也就是说，为了实现有效的灾害管理，政府必须设立灾害管理的综合绩效指标。在灾害风险管理中随时关注灾害风险的发生、变化状况，多方位检测和考察灾害风险管理部门和机构的管理目标、管理手段以及主要职能部门和相关人员的业绩表现。特别是要针对灾害风险管理过程中的主要风险、多元风险、动态变化的风险等监测和预警工作，加强备灾、响应、恢复与减灾等各环节工作，全面掌握灾害风险预警与管理行为的实际效果，减少灾害风险漏警和误警造成的危害。同时也要通过制定正确的激励机制来强化灾害风险控制能力，加强灾害的风险管理工作。

6.2.3 地质灾害风险管理的对策和实施过程

总体上讲地质灾害风险评价与综合管理大致可以分为五个步骤：①数据获取与处理；②地质灾害风险监测预警（包括风险辨识与分析）；③研究区地质灾害管理信息系统建立；④地质灾害风险评价（包括地质灾害危险性分析、易发性分析等）；⑤地质灾害风险管理与应急反应。

表 6-1 概括了基于全过程的地质灾害管理的途径和对策。概括而言，地质灾害综合风险管理的途径和对策主要有两大类：控制型风险管理对策和财务型风险管理对策。控制型风险管理对策是在损失发生之前，实施各种对策，力求消除各种隐患，减少风险发生的原因，将损失的严重后果减少到最低程度，属于"防患于未然"的方法，主要通过两种途径来实现：一是通过降低地质灾害的危险度，

即控制灾害强度和频度，实施防灾减灾措施来降低风险；二是通过降低区域脆弱性，即合理布局和统筹规划区域内的建筑、人口等来降低风险，包括风险回避、防御和风险减轻（损失控制）等。财务型风险管理对策是通过灾害发生前所做的财务安排，以经济手段对风险事件造成的损失给予补偿的各种手段，包括风险的自留和转嫁。

表6-1　基于全过程的地质灾害管理的途径和对策

灾害类型	灾害风险所处阶段	风险管理对策的采用	具体措施
滑坡、崩塌灾害	潜在阶段（灾前）	控制型风险管理对策	风险回避和防御措施： （1）加强建设滑坡、崩塌灾害监测点，灾害发生前起到有效的提前监测滑坡崩塌灾害作用 （2）因地制宜制定城市发展策略 （3）建立比较完善的地质灾害预警系统，可以实时准确地发布预警信息 （4）掌握好地质灾害风险评价技术和风险防范技术
	发生阶段（灾中）	控制型风险管理对策	损失控制措施： （1）根据不同降雨量提前做好崩塌、滑坡灾害防控准备 （2）加强道路建设，使灾中救援能够快速到达 （3）加强民众对地质灾害的认识，提高在灾中避难意识，使伤亡最小化
	造成后果阶段（灾后）	财务型风险管理对策	（1）风险转移措施；（2）崩滑灾害保险； （3）责任合同、灾害债券等； （4）风险自留措施；（5）预留地质灾害防灾基金； （6）政府风险管理措施；（7）政府财政补贴
泥石流灾害	潜在阶段（灾前）	控制型风险管理对策	风险回避和防御措施： （1）在河流中上游地区恢复植被，起到保持水土作用 （2）在河流中下游疏浚河道，修筑堤坝、水库等水利设施，在低洼处完善排涝设施 （4）加强天气的监测，对强降雨天气提前预报，建立预警机制 （5）制定并完善地质灾害防灾预案 （6）提高人们的防灾减灾意识
	发生阶段（灾中）	控制型风险管理对策	损失控制措施： （1）根据不同降雨量提前做好泥石流灾害防控准备 （2）加强道路建设，使灾中救援能够快速到达 （3）加强民众对地质灾害的认识，提高在灾中避难意识，使伤亡最小化
	造成后果阶段（灾后）	财务型风险管理对策	（1）风险转移措施；（2）泥石流灾害保险； （3）责任合同、灾害债券等； （4）风险自留措施；（5）预留地质灾害防灾基金； （6）政府风险管理措施；（7）政府财政补贴

根据风险管理理论和地质灾害风险的形成机制,表 6-2 概括了基于地质灾害风险形成理论的风险管理的途径和对策。

表 6-2　基于地质灾害风险形成理论的风险管理的途径和对策

地质灾害风险四因子	工程措施	非工程措施
危险性	(1) 加强防控监测体系 (2) 建立防控点 (3) 高危险地区采取防控手段	加强地质灾害影响的教育与宣传,推广应对地质灾害的新方法、新技术
暴露性	(1) 高危地区采取提前转移 (2)减少暴露在地质灾害风险下的可能性	加快城市发展进程
脆弱性	(1) 调整城镇建设方针 (2) 改善生态环境 (3) 加强城市建设中房屋抗灾能力	(1) 加强地质灾害影响的教育与宣传 (2) 加强地质灾害的科学研究 (3) 加强国际交流合作 (4) 加强地质灾害监测预警
防灾减灾能力	(1) 植树造林 (2) 加强城市化建设,提高道路覆盖 (3) 合理建立地质灾害防控点 (4) 引进国外先进防灾减灾技术	(1) 建立统一的地质灾害防治管理机构 (2) 加快地质灾害防治立法建设 (3)建立多元化的地质灾害防治资金来源 (4) 完善地质灾害有偿救助体制 (5) 确立合理的灾害防治效果评价标准

6.2.4　地质灾害风险管理的实施途径

(1)建立科学而完善的灾害风险管理流程和风险的全过程监控机制(图 6-4),将灾害风险管理作为减灾的一个首要原则,并将其列入采取充分和成功减灾政策和措施的必要步骤,建立地质灾害综合风险管理的长效机制。

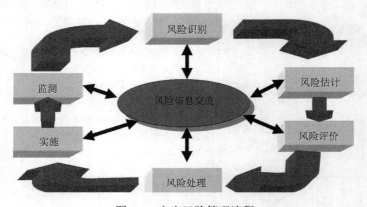

图 6-4　灾害风险管理流程

（2）构建灾害风险管理的协调机制和法制体系。包括建立一个综合性、常设性的灾害综合风险管理的组织体系和协调部门，即地质灾害综合风险管理体制；建立地质灾害综合风险管理机制；建立地质灾害综合风险管理法制；制定地质灾害综合风险管理应急预案。

（3）将减灾的理念和灾害管理整合到正在进行中的现代化城市发展规划和过程中。

（4）改进灾害风险信息共享和管理的方法和手段。

（5）鼓励和引导企业、社区、民间组织和民众等多元的管理主体参与灾害风险管理。

（6）广泛普及"预防文化"和"风险管理"的理念，提高全民灾害风险意识和防灾减灾意识。

6.2.5　地质灾害风险管理技术与对策

地质灾害是影响我国城镇发展和人民生命财产安全的重要自然灾害之一，近年来各种地质灾害的频率有不断增加的趋势，并且呈现出明显的新特点和现象。因此，针对地质灾害必须树立长期的减灾思想，并结合不同地区的自然地理条件、地势地貌结构、减灾管理能力等实际情况，从灾前 （防灾/防备系统）、灾中 （应急/响应系统）、灾后 （恢复/救助系统） 等方面，因地制宜地采取相应的减灾对策。

1. 灾前 （防灾/防备系统） 管理措施与对策

（1）地质灾害风险管理贯穿整个城镇建设过程。提高认识，健全机构，引进风险管理理念，实现防御地质灾害行动的有序化、规程化和系统化。实施地质灾害风险管理，有效地降低地质灾害风险。地质灾害风险管理在地质灾害发生前就已开展了预测、早期警报、准备、预防等工作，对降低随后而来的灾害影响更加有效。当有可能出现地质灾害时，有关部门就要发布预警预报信息，提醒相关部门及时采取应对措施。

（2）构建国家统一的地质灾害综合信息系统，提高对地质灾害的反应速度和统一行动能力。该系统能够充分集中全国地质灾害监测、预报、灾情和其他方面的数据信息资源，对地质灾害进行综合预测、追踪、评价和应对，并开展针对地质灾害的国民教育和网络互动。

（3）发展地质灾害预测和评价方法，准确预测地质灾害发生的时间和地点，客观评价地质灾害的影响程度，以便采取恰当的地质灾害预防措施（张继权等，2015）。

2. 灾中 （应急/响应系统） 管理措施与对策

（1）持续有效的动态监测，防止发生次生灾害以及次生灾害造成的损失。提前预知灾害后续情况，对灾中救援提供决策。

（2）国外先进救援技术及器械，在灾中起到最大弥补损失的作用。

（3）普及避难常识，使民众在灾中能够快速有效地避难，减少伤亡。

3. 灾后 （恢复/救助系统） 管理措施与对策

（1）建立地质灾害风险共担和转移制度。地质灾害风险共担制度可以降低个体的地质灾害风险性，地质灾害风险转移制度可以降低短期的地质灾害风险性，从而提高全社会整体对地质灾害风险的承担能力。保险业也应积极完善行业风险自救机制和保险保障金制度，以便更好地为地质灾害管理服务。大力开展有偿救灾，将保险正式纳入地质灾害风险管理体制之中加以利用和规划，逐步建立以地质灾害保险为主、国家财政后备为辅、自保自救及社会捐赠等其他多种形式为补充的综合救灾保障体系。

（2）地质灾害一旦发生，要及时检查受灾情况，并采取相应的补救措施。

6.3 极端降雨诱发地质灾害防灾减灾体系建设

建立并完善一个地区乃至国家的地质灾害防灾减灾体系，首先以服务于国民经济和社会发展为宗旨，以可持续发展为理论基础，在充分尊重自然规律和经济规律的前提下，坚持以政府组织指挥为主导，社会各界广泛参与，作为行动主体，深入发动群众，依法实施救灾减灾措施，坚持科技减灾，以人为本救灾，尽力增加投入，力争实现综合防治的最大效益，确保人们生命财产安全和社会的稳定（海香，2008）。其次，要以构建地质灾害调查评价体系、构建地质灾害监测预警体系、构建地质灾害综合防治体系、构建地质灾害应急救援体系为核心，做好相关规划，进一步加强群测群防预警体系和群专结合的预警预报系统建设，突出重点，整体推进，坚持全面规划，综合考虑吉林省地质灾害发育的现状和当地经济的发展水平，统筹规划全省地质灾害防治工作（张震宇，2014）。

地质灾害群测群防工作是地质灾害易发区内广大人民群众和地质灾害防治管理人员直接参与地质灾害点的监测和预防，及时捕捉地质灾害前兆、灾体变形、活动信息，迅速发现险情，及时预警自救，减少人员伤亡和经济损失的一种防灾减灾手段。群测群防的主要做法是，汛期前根据地质灾害隐患点的变形趋势，确定地质灾害监测点，落实监测点的防灾预案，发放防灾明白卡和避险明白卡。同时，县、乡、村层层签订地质灾害防治责任状，从县、乡政府的管理责任人一直落实到村（组）和具体监测责任人，从而形成了一级抓一级、层层抓落实的管理格局。通过这种责任制形式，明确隐患点的具体责任人和监测人，保证各隐患点的变形特征及时被捕捉，有效地指导当地政府和受威胁群众防灾避灾工作。

《地质灾害防治条例》第一章第六条规定："县级以上人民政府应当加强对地质灾害防治工作的领导，组织有关部门采取措施，做好地质灾害防治工作。"第一章第七条规定："县级以上地方人民政府国土资源主管部门负责本行政区域内地质灾害防治的组织、协调、指导和监督工作；县级以上地方人民政府和其他有关部门按照各自的职责负责有关的地质灾害防治工作。"根据国土资源部《地质灾害群测群防体系建设指南》，结合吉林省地质灾害情况，编写了吉林省地质灾害群测群防体系建设方案。

6.3.1　防灾减灾规划目标

吉林省是地质灾害较发育的省份，据不完全统计，每年因地质灾害造成的经济损失达千万元以上，并且在一些年份造成人员伤亡。2008年汛期，全省降雨量普遍较大，在通化白山及长白山天池等地引发了大面积的山体崩塌、滑坡、泥石流等突发地质灾害。地质灾害的直接危害是造成人员伤亡和财产损失，使生产力及地质环境遭到破坏，深层次的危害是破坏地质环境和社会环境、生态环境，从而影响经济发展和社会发展。因此，地质灾害的防治目标就是保护人民生命财产安全、保障社会稳定发展，通过地质灾害防治，达到地质环境与经济发展的高度协调统一，使地质灾害造成的损失降低到最少，达到最佳的减灾效果。

地质灾害防灾减灾规划目标主要有如下几点：

（1）建立健全地质灾害防治和地质环境保护的管理运行体制，落实地质灾害防治、地质环境保护和管理职能。完善地质灾害防治和地质环境保护的法规、规章制度，通过各种形式开展防灾、减灾教育，全面提高干部和群众的防灾、减灾意识。

（2）建立地质灾害监测、预警网络；重点治理威胁居民点和重要交通工程设施的地质灾害点；迁移或妥善安置危险区的居民；全面加强县、乡（镇）各级政府对地质灾害综合防治的指导，减轻地质灾害造成的损失。

（3）全面落实吉林省地质灾害防治规划，使省内山地丘陵区地质灾害得到全面监控和有效治理，尽可能将地质灾害发生的频率、造成的经济损失及人员伤亡降到最低，促进地质环境保护和地方经济发展的高度协调统一。

6.3.2　防灾减灾体系建设原则

1. 预防为主的原则

随着人类科学技术水平及社会生产力水平的不断发展，人类对地质灾害的认识水平不断提高，通过采取有效的防治措施，在一定程度上可减少或避免地质灾害发生的机会，削弱地质灾害活动程度，尤其是人为地质灾害可以通过调整人类活动，防止和减少灾害造成的损失。有效地进行灾害预测预报，根据地质灾害发生的危险程度和可能造成的危害程度，及时避灾，减少灾害损失。实践证明，适时采取预防措施是防止灾害破坏、减少灾害损失的有效途径。

2. 持续性原则

工作区内地质灾害是在一定的自然地质环境条件和社会经济条件下形成的，历史较久，今后也还会发生。泥石流等地质灾害的防治需要较长时间。因此，地质灾害防治工作是一项长期的、艰苦的任务，为了促进社会经济健康发展，地质灾害防治必须长期持续地坚持下去。

3. 重点防治原则

限于目前科学技术和社会财力等因素，不可能对所有的地质灾害进行全方位的彻底防治。因此，只能依据地质灾害的危险程度和可能造成的危害程度以及社会发展需要，首先选择重要的地质灾害点或区段进行防治，使有限的资金发挥最大的减灾效果（江治强，2008）。

4. 最优化原则

地质灾害防治工程技术及措施复杂，投入较大。因此，防治工程措施必须本着最优化原则，实现防治工程措施组合达到最优化，具有科学性、可操作性与最小风险性、最大利益的有机结合。

5. 避让原则

一是今后工程建设尽可能避开地质灾害高易发区（段）；二是对于地面塌陷等难以治理的地质灾害分布区域，搬迁撤离开地质灾害点，达到减轻灾害损失的目的。

地质灾害防治分区的划分是本着为政府职能部门确定宏观决策和制定地质灾害防治规划，为有计划地开展地质灾害防治工作、减少地质灾害损失和保护人民生命财产安全提供基础依据资料。根据地质灾害危险性分区结合全省社会发展规划等因素进行综合分析，进行全省地质灾害防治区划（刘红红，2014）。

6.3.3　防灾减灾体系建设研究

地质灾害形成环境及变形过程的复杂性决定了地质灾害防治工作是一项系统工程，必须动员组织全社会各方面的力量。监测工作必须采用群专结合的监测方法，管理工作必须坚持行政管理和业务管理相结合。从吉林省实际情况出发，以突发性地质灾害为防治重点，以群测群防为主要手段，坚持"以人为本"和"预防为主"、"避让与治理相结合"的方针，全面规划，建设好群测群防网络体系，将地质灾害的危害减少到最低，保障全省人民群众的生命财产安全（李志隆等，2013）。

1. **群测群防点数量及分布**

1）吉林省地质灾害群测群防点数量

据以往县（市）地质灾害调查与统计资料，吉林省地质灾害群测群防点共有 549 个，其中泥石流点最多，有 266 个，崩塌点次之，有 158 个，滑坡点 51 个，地面塌陷点 63 个，地面裂缝点 11 个，如图 6-5 所示。

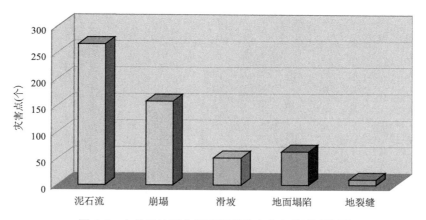

图 6-5 吉林省地质灾害群测群防点灾害类型对比图

2）吉林省地质灾害群测群防点分布

吉林省县（市）地质灾害群测群防点分布见表 6-3。

表 6-3 吉林省县（市）地质灾害群测群防点分布表

县（市、区）	崩塌（个）	泥石流（个）	滑坡（个）	地面塌陷（个）	地裂缝（个）	合计（个）
图们	0	4	3	0	0	7
丰满区	6	2	1	0	0	9
安图县	8	10	0	0	0	18
敦化市	1	34	0	0	0	35
抚松县	2	16	2	0	0	20
龙井市	9	7	1	0	0	17

续表

县（市、区）	崩塌（个）	泥石流（个）	滑坡（个）	地面塌陷（个）	地裂缝（个）	合计（个）
九台市	6	1	0	1	0	8
辉南县	8	11	2	3	0	24
蛟河市	18	23	2	4	1	48
长白县	21	6	5	1	1	34
珲春市	2	5	0	3	0	10
舒兰市	2	2	0	12	0	16
通化二道江	0	2	0	0	0	2
通化县	0	21	0	0	0	21
通化东昌区	0	3	0	0	0	3
临江市	7	4	2	0	0	13
伊通县	6	1	0	1	1	9
东辽县	0	2	0	5	0	7
江源市	0	13	2	8	0	23
德惠市	4	1	3	0	0	8
辽源龙山区	2	0	0	0	0	2
东丰县	5	1	0	0	0	6
汪清县	2	3	1	0	0	6
桦甸市	4	41	12	6	0	63
和龙市	5	6	6	0	0	17
磐石市	6	3	0	0	1	10
永吉县	1	8	0	0	0	9
洮南市	0	4	0	0	0	4
集安市	1	5	0	0	0	6
梨树县	3	0	0	0	1	4
公主岭市	6	0	0	2	0	8
梅河口市	3	2	0	7	0	12
柳河县	1	3	2	0	0	6
双阳区	7	0	0	10	6	23
榆树市	5	0	0	0	0	5
扶余县	5	0	0	0	0	5
白山八道江	0	0	6	0	0	6
靖宇县	2	22	1	0	0	25
合计	158	266	51	63	11	549

2. 群测群防体系的建设

地质灾害群测群防体系的建设，重点是建立群测群防网络行政管理工作体系和群测群防网络组织实施体系两个方面。

群测群防网络行政管理工作体系：该体系是根据地质灾害分级和划分中央和地方人民政府事权和财权基础上，所确定的各级政府领导、国土资源管理部门负责组织、协调、监督、管理以及相关部门和群众参与的工作体系。

群测群防网络组织实施体系：县、乡、村是群测群防网络组织实施的主体，是建立群测群防体系的有生力量。行政村作为群测群防网络的终端，必须将监测工作严格落实。对具体灾害点监测要落实到人。本着"谁受益谁监测，谁破坏谁监测"的原则，同时兼顾就近原则，明确监测人员与监测目的，并确定可行的监测方案及预警方案，一旦发现险情应采取应急抢险措施，并及时向乡镇及县有关部门汇报（冯明成，2013）。

3. 地质灾害隐患点群测群防

地质灾害隐患点群测群防旨在依靠地方各级政府和基层组织进行地质灾害防治。通过大力开展地质灾害防灾意识和防灾基本知识的宣传培训，发动群众参与地质灾害的监测预警，充分发挥其作用，从而有效地进行地质灾害预防，最大限度地减少地质灾害造成的人员伤亡和经济财产损失。

1）地质灾害群测群防体系构成

地质灾害群测群防体系由县、乡、村三级监测网络和群测群防点，以及相关信息传输渠道和必要的管理制度所构成。

县级：县级人民政府成立地质灾害防治领导小组，分管县长任总指挥长，国土资源局局长任常务副指挥长，国土资源局指派业务干部任办公室主任负责日常工作。领导小组成员应当包括建设、水利、交通、气象等相关部门有关负责人。

乡级：乡级成立地质灾害监测组，由分管乡长任组长，国土资源管理所所长任常务副组长并负责日常工作。

村级：位于地质灾害隐患区的村或有隐患点的村成立监测组，由村主任任监测责任人，并选定灾害点附近的居民作为监测人（王琳，2011）。具体行政管理体系构成见群测群防行政管理工作体系框图（图 6-6）。

2）地质灾害隐患点（区）的建设

（1）地质灾害隐患点（区）的确定。

隐患点的确定：由专业队伍对滑坡、崩塌、泥石流、地面塌陷、地裂缝等主要类型的地质灾害点进行调查的基础上确定；对群众通过各种方式报灾的点，由技术人员或专家组调查核实后确定；由日常巡查和其他工作中发现的有潜在变形

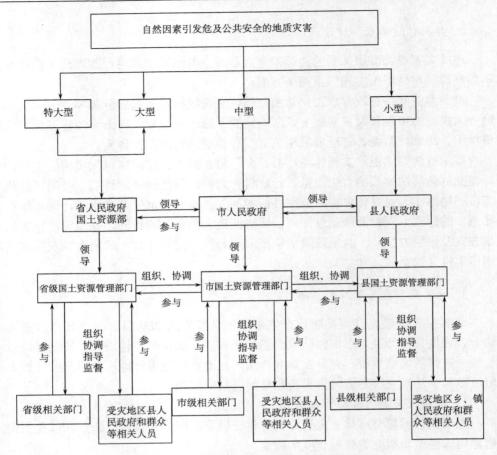

图 6-6　群测群防行政管理工作体系框图

迹象且对人员和财产构成威胁的地质灾害体，并经专业人员核实后确定（曹金亮等，2010）。

隐患区的确定：居民点房前屋后高陡边坡的坡肩及坡脚地带；居民点邻近自然坡度大于 25°的斜坡及坡脚地带；居民点上游汇水面积较大的沟谷及沟口地带；有居民点的江、河、海侵蚀岸坡的坡肩地段；其他受地质灾害潜在威胁的地带。

已经确定的地质灾害隐患点（区）由县级人民政府在当年的地质灾害年度防治方案中纳入地质灾害群测群防体系。当年新发现并确定的点（区），由县级人民政府国土资源部门明确并纳入下年度的年度防治方案。

（2）地质灾害隐患点的确定途径。地质灾害隐患点的确定可以通过以下几种途径：通过以往 1∶10 万县市地质灾害调查与区划，根据专业技术人员实地调查过程中确定；可以根据群众向国土资源管理部门上报灾情，然后国土资源管理部门组织专家组，通过专业技术人员现场核实；通过汛期地质灾害巡查，地质灾害预报预警中心专业人员在汛期对全省地质灾害进行巡查，巡查过程中发现新的地质灾害点，并且有必要纳入群测群防网络体系中，然后进行确认确定。

（3）地质灾害隐患点的撤销原则。已经工程治理、搬迁、土地整治的地质灾害群测群防点（区），应当报经原批准机关批准撤销。

（4）隐患点的定期调查及预测研究。地质灾害的发育是一个动态过程，随着地质环境条件的改变、人类工程活动的加剧，地质灾害隐患点会不断增加。因此，必须建立地质灾害隐患点的定期调查制度，及时发现新的隐患点，尤其对于崩塌、滑坡等突发地质灾害隐患，应从其形成的地质环境条件、形成机理等进行深入分析，有针对性地开展预测研究，并采取相应的防治措施，减少灾害发生的可能性。

3）地质灾害群测群防责任制落实

（1）确定责任单位和责任人。县、乡两级人民政府和村（居）民委员会为地质灾害群测群防责任单位，其相关负责人为地质灾害群测群防责任人。

（2）签订防灾责任状。防灾责任应以责任状的形式明确。县（市、区、旗）人民政府与乡镇人民政府（街道办事处）签订地质灾害群测群防责任制；乡镇人民政府（街道办事处）与村（居）民委员会签订地质灾害群测群防责任制。此外，地质灾害防灾工作明白卡和地质灾害防灾避险明白卡中应明确相应责任人。地质灾害群测群防责任制应列入各级行政管理层级的年度考核指标，并在年度县级地质灾害防治方案和突发地质灾害应急预案中加以明确。

4）村级群测群防责任制落实

（1）群众义务监测员的选定条件。具有一定文化程度，能较快掌握简易测量方法；责任心强，热心公益事业；长期生活在当地，对当地环境较为熟悉。

（2）群众义务监测员的培训。由县级人民政府组织进行定期或不定期培训，培训主要内容是地质灾害防治基本知识，简易监测方法、巡查内容及记录方法，灾害发生前兆识别，各项防灾制度和措施的掌握等。

（3）简易监测及预警设备的配备。配备卷（直）尺、手电、雨具、口哨（话筒、锣）、电话等工具。

5）地质灾害群测群防制度建设

（1）防灾预案及"两卡"发放制度。

防灾预案包括年度地质灾害防治方案和隐患点（区）防灾预案。"两卡"指地质灾害防灾工作明白卡和地质灾害避险明白卡。

年度地质灾害防治方案编制：由县级国土资源部门会同水利、交通、建设、气象等相关部门编制，报县人民政府批准并公布实施。

隐患点（区）防灾预案：由隐患点（区）所在地乡（镇）国土所会同隐患点

所在村编制，报乡（镇）人民政府批准并公布实施。

"两卡"的填制与发放：由县级人民政府国土资源部门会同乡镇人民政府组织填制地质灾害防灾明白卡和地质灾害避险明白卡。地质灾害防灾明白卡由乡镇人民政府发放防灾责任人，地质灾害避险明白卡由隐患点所在村负责具体发放，向所有持卡人说明其内容及使用方法，并对持卡人进行登记造册，建立两卡档案。

（2）监测和"三查"制度。监测制度的主要内容是规定监测方法、监测频次、监测数据记录和报送等。"三查"制度的主要内容是规定在辖区内组织汛前排查、汛中检查、汛后核查范围和方法及发现隐患后的处理方法等。

（3）值班制度。主要是规定在地质灾害高发期、多发期和紧急状态下，各级防灾责任人值班的地点、时间、联系方式和任务等。

（4）地质灾害预报制度。主要内容是规定预报的时间、地点、范围、等级以及预警产品的制作、会商、审批、发布等。地质灾害预报在一般情况下由县级国土部门会同气象部门发布，紧急状态下可授权监测人发布。

（5）灾（险）情报告制度。主要内容是规定发生不同规模地质灾害灾（险）情的报告程序、时间和责任。

（6）宣传培训制度。主要内容是规定县（市）级以上人民政府每年组织有关部门开展地质灾害防治知识的宣传培训的期次、内容、对象，使培训人员达到"四应知"、"四应会"。

（7）档案管理制度。县、乡、村级组织应当建立档案管理制度。主要内容是规定年度防灾方案、隐患点防灾预案、突发性应急预案、"两卡"、各项制度及相关文件汇编，对各项基础监测资料和值班记录实施分类、分年度建档入库管理。

（8）总结制度。县、乡、村级组织应当建立群测群防年度工作总结制度。定期对体系运行情况、防灾效果、存在问题进行总结和分析，提出下一步工作建议，并对做出突出贡献的单位和个人进行表彰。

6）地质灾害群测群防信息系统建设

县级人民政府应当建立地质灾害群测群防管理信息系统，将地质灾害防治工作机构及群测群防网络数据、防灾责任人和监测人及监测点基本信息、监测数据和年度地质灾害防治方案及隐患点（区）防灾预案、"两卡"等信息纳入计算机平台，方便监测数据录入、更新、查询、统计、分析等，实现群测群防体系相关信息的动态管理和共享。

4. 重要地质灾害隐患点巡测

吉林省重要地质灾害隐患点巡测工作，旨在查明吉林省范围内重大地质灾害隐患点的位置、规模、地质背景、形成条件及危险性，调查重大地质灾害灾情，查明灾害发生的时间、地点、原因及损失，预测地质灾害隐患点的发展趋势，更好地为政府开展防灾减灾工作服务。

1）巡测点布置原则

体现"以人为本"原则，将已掌握的危及人民生命财产安全的重要地质灾害点首先列入巡测点；将易发程度高、危害程度大的地质灾害点列入巡测点；将集中分布于重要公路沿线、居民区的规模较大的地质灾害点列入巡测点；以当地政府和群众报险、报灾为线索，对突发的重大地质灾害灾情开展调查。

2）巡测调查方法

汛前巡视筛选：汛前采用一定方式确定地质灾害的发育状况（对崩塌灾害点稳定性采用目测巡视；滑坡灾害点采用钉桩、验桩；泥石流、地面塌陷灾害点采取实测、目测与访问相结合的方法），作好记录。

汛期巡测回访调查：采取相应的方法确定雨季各灾害点、隐患点的变化情况（以实测、目测、访问等方法进行），作好实测调查访问记录，对比汛前、汛后灾害点变形情况，确定年内由于灾害点的变形导致的经济损失，依此预测地质灾害隐患点的发展趋势。

3）重要地质灾害隐患点分布

（1）崩塌。

崩塌是吉林省主要地质灾害种类之一，也是突发性地质灾害中发生频度最大的灾害类型。根据本书第 2 章 2.3.3 小节的描述，吉林省崩塌灾害空间分布规律可总结如下：

① 崩塌群体空间分布规律：表现为某些地区成带、成片、成群地集中分布的区域性规律。绝大多数崩塌分布在中低山区，尤其是集中分布在老岭中山区及鸭绿江和图们江沿岸。

② 崩塌个体发育的重复性规律：表现为某一崩塌带、群等多次重复发生，有时每年发生 2～5 次，如长白山天池、通化—长白公路沿线等。

（2）泥石流。

泥石流是东部山区分布较普遍、活动较频繁的地质灾害种类。按其形成的场所条件可分为河谷型、沟谷型和坡面型泥石流三类，按其物质组成又可分为泥石流和水石流两类。根据吉林省地质环境监测总站对集安市大禹山泥石流地质灾害防治勘察结果，引发泥石流地质灾害的降雨临界值为：24h 降水量大于 100mm，或 48h 连续降水量大于 150mm。大型泥石流发生周期为 10～20 年发生一次，小型泥石流灾害发生周期为 2～3 年发生一次。本次调查过程中，临江市六道沟镇大型泥石流周期为 17 年一次，小型泥石流 2～3 年发生一次。

（3）滑坡。

吉林省内滑坡分布较少，但危害较大，多属岩体蠕动滑坡，具有间歇性活动特点，已发生的滑坡均为小型。滑坡按动力成因多属自然滑坡；按滑坡体物质组成划分多属土体滑坡，滑动面为碎石土滑坡体与基岩接触面。省内滑坡均分布在北纬 43° 以南中低山区的山间盆地中或盆地边部的碎屑岩分布区。

（4）地面塌陷。

地面塌陷地质灾害是吉林省重要地质灾害之一，也是造成单位面积国民经济损失最大的灾种。地面塌陷多为采矿引起，由于采矿经济效益远远大于造成的损失，因此地面塌陷地质灾害往往没有得到很好重视。多年以来，全省各矿山均有不同程度的地面塌陷发生，尤其是辽源市、珲春市、舒兰市、通化市等储煤矿，地面塌陷较典型的辽源煤矿、营城煤矿、吉舒煤矿分布于山地与平原的结合部位，次为珲春煤矿、蛟河煤矿位于山间盆地，松树煤矿、茹园煤矿等位于中低山浑江河谷中，而位于其他山地的煤矿地面塌陷较不明显。

（5）地裂缝。

采矿引发地裂缝比较普遍。地裂缝总体呈树枝状，单条裂缝一般平直，局部也有呈锯齿状。地裂缝一般发生在塌陷区的边缘。地裂缝的规模与开采矿层厚度及表层岩性有关。重要地质灾害隐患点统计见表6-4。

5. 汛期地质灾害气象预报预警

地质灾害预报预警是以地质环境背景条件为基础，根据前期实际降雨量和未来 24 h 的预报降雨量，对降雨可能诱发的突发性崩塌、滑坡、泥石流等地质灾害发生的空间和时间范围及其危险程度进行预测，并通过电视台、电台、互联网等媒体向社会公众预先发出报告和警告。

地质灾害预报预警是一种长期的、持续的、跟踪式的、深层次的和各阶段相互联系的工作，而不是随每次灾害的发生而开始和结束的活动，应从局限于科学研究或个别行业，变为有组织的社会行为。

1）气象因素诱发地质灾害成因

区域性持续降雨或暴雨使松散堆积层达到过饱和状态。

成灾地区地形陡峻，坡型变化复杂，坡度 25°～70°。

地质上具备二元结构，上为松散堆积层，下为坚硬基岩，容易在二者的接触处形成强大渗流带。

松散堆积层厚度 1～10m，一般 1～4m。

一般植被覆盖率较高，在强烈暴雨持续作用下起到滞水作用。

2）气象因素诱发地质灾害的特点

区域性：一般在数公里至数十平方公里内出现。

群发性：崩塌、滑坡、泥石流在某一区域多灾种呈群体出现。

"链式"反应：崩塌、滑坡、泥石流等在同一地点逐次快速转化，破坏力极强。

表 6-4　吉林省重要地质灾害隐患点统计表

序号	点号	市	分布地点	坐标	灾种	规模
1	22018103030004	长春市	九台市胡家乡保山村	126°19'18" 44°15'50"	泥石流	小型
2	22018105030009		九台市营城乡长图铁路 K55+190m	125°53'00" 44°09'07"	地面塌陷	小型
3	22028103030072		蛟河市漂河乡漂河川村（河东村）	127°19'58" 43°17'55"	泥石流	小型
4	突发性地质灾害		302 国道天南镇和平村	126°58'27" 43°45'29"	泥石流	小型
5	22028203030008		桦甸市红石砬子乡八家子村	126°59'43" 43°06'07"	泥石流	小型
6	突发性地质灾害		蛟河公路 K394-397	126°57'47" 43°46'27"	崩塌	小型
7	22028305030044		舒兰市五一—桦公路东富段（以西 1km）	126°52'30" 44°21'58"	地面塌陷	小型
8	22018105030004		蛟河市奶子山天主教堂附近街马木山家	127°26'05" 43°42'48"	地面塌陷	小型
9	22028406030302	吉林市	磐石市烟筒山石墨矿	125°57'20" 43°16'17"	地裂缝	小型
10	22028406030303			125°57'20" 43°16'17"	地裂缝	小型
11	22028406030314			125°57'19" 43°16'18"	地裂缝	小型
12	22028406030217			126°29'58" 42°52'07"	地裂缝	小型
13	22028406030218			126°29'57" 42°52'13"	地裂缝	小型
14	22028406030219		磐石市富家矿区地裂缝	126°29'57" 42°52'15"	地裂缝	小型
15	22028406030220			126°29'53" 42°52'16"	地裂缝	小型
16	22028406030221			126°29'58" 42°52'08"	地裂缝	小型
17	22052303030149	通化市	辉南县石道河乡大场园村	126°27'29" 42°38'39"	泥石流	小型
18	22050000303072		通化县东来乡前鹿圈村	126°10'28" 41°34'20"	群发型泥石流（2 个）	小型
19	22050000303073		通化县马当乡铜镍矿	126°10'48" 41°34'21"		小型
20	22050000303051		辉南县杉松岗镇岗后屯	125°50'23" 41°50'14"	泥石流	小型
21	22052305030052		辉南县杉松岗镇岗后屯	126°11'29" 42°30'39"	地面塌陷	小型
22	突发性地质灾害		通化—集安公路	多处	崩塌	小型

续表

序号	点号	州/市	分布地点	坐标	灾种	规模
23	220681030405	白山市	临江市六道沟镇大杨树村	127°13′18″ 41°36′33″	泥石流	小型
24	220621030203		抚松县松郊乡鸡冠砬子村后葳子屯后沟	127°16′16″ 42°22′00″	泥石流	小型
25	220621030128		抚松县仙人桥镇富民村西	127°11′05″ 42°05′08″	泥石流	小型
26	220622030019		靖宇县花园口镇腰甸子村后沟	127°02′13″ 42°16′26″	泥石流	小型
27	220681030219		临江市四道沟镇三合城（砬子沟）	127°01′55″ 41°46′37″	地裂缝	小型
28	220623030021		长白县马鹿沟镇马鹿沟村	128°11′52″ 41°26′21″	泥石流	小型
29	220623030214		长白县八道沟镇新兴村	127°16′01″ 41°31′24″	泥石流	小型
30	突发性灾害点		临江至长白临江公路	127°21′14″ 41°28′26″	崩塌	小型
31	突发性灾害点		临江市大砬子镇	127°05′42″ 41°37′43″	崩塌	小型
32	突发性灾害点		临江市六道沟镇砬合村	127°03′59″ 41°39′28″	崩塌	小型
33	突发性灾害点		抚松县	127°18′16″ 42°18′16″	崩塌	小型
34	222403030021	延边朝鲜族自治州	敦化市大蒲柴河镇松江河村	127°50′17″ 42°45′46″	群发型泥石流（4个）	小型
35	222403030022			127°50′29″ 42°45′39″		小型
36	222403030023			127°50′09″ 42°46′03″		小型
37	222403030024			127°50′59″ 42°46′39″		小型
38	222403030082		敦化市官地镇老虎洞村	128°20′59″ 43°30′58″	群发型泥石流（4个）	小型
39	222403030083			128°21′00″ 43°30′55″		小型
40	222403030085			128°21′02″ 43°30′50″		小型
41	222403030086			128°21′01″ 43°30′43″		小型
42	222403030098		敦化市官地镇三道沟村三条腿	128°29′25″ 43°33′28″	泥石流	小型
43	突发性灾害点		长白山北坡停车场	128°03′31″ 42°02′40″	泥石流	小型
44	突发性灾害点		安图县新合赛葱沟	128°34′53″ 42°57′25″	滑坡	小型

　　同时暴发性：崩塌、滑坡、泥石流"灾害链"在数十分钟到数小时内先后或者同时出现，具有突然暴发性，宏观上完好的坡体突然滑塌或者"奔流"，当地人称为"涡旋跑"或者"山扒皮"。

　　后续性：大型滑坡一般出现在降雨过程后期，甚至降雨结束后数天。

　　成灾大：造成重大人员伤亡和各种财产损失。

　　3）地质灾害预报预警判据

　　根据前期地质灾害易发区划分结果及吉林省地质灾害点分布情况进行预报预警区划。根据预报预警区划结果，分析各区前期累计降雨量值和预报降雨量值之和，判断各区发生地质灾害危险性等级大小，具体判断标准见表 6-5。

表 6-5　地质灾害预报预警判据表

地理位置	地质环境条件分区	前三日实际降雨量值与预报降雨量之和（mm）	地质灾害危险性判定
东南部	微起伏熔岩台地有原始森林分布区	>120	很大
		100～120	大
		80～100	较大
		50～80	较小
		<50	很小
	起伏中低山、山间盆地变质岩、碎屑岩为主次生林、人工林分布区	>100	很大
		80～100	大
		50～80	较大
		30～50	较小
		<30	很小
中部	起伏低山丘陵、山间谷地碎屑岩、强风化花岗岩为主灌木林、人工林分布区	>120	很大
		100～120	大
		80～100	较大
		50～80	较小
		<50	很小
	起伏低山丘陵花岗岩为主灌木林、人工林分布区	>150	很大
		120～150	大
		100～120	较大
		80～100	较小
		<80	很小
西部	高平原、低平原分布区		很小

4）地质灾害预报预警时间和范围

吉林省汛期地质灾害预报预警工作一般从每年的 6 月中旬开始，9 月上旬结束，根据每年的汛期情况进行合理调整。根据吉林省地质灾害易发程度分区，将地质灾害高易发的中部及东南部山区作为地质灾害预报预警范围，主要针对崩塌、滑坡、泥石流等突发性地质灾害发生的可能性进行预报预警。

5）组织机构及制度

吉林省地质环境监测总站专门组成了以站长为组长，总工程师为副组长的地质灾害预报预警领导小组，制定了汛期地质灾害预报预警值班制度，值班时间为每天 15：00～18：00，要求值班人员坚守岗位，做好值班记录，值班人员、校核人员、中心主任、分管领导需在地质灾害气象预报预警产品签批单上签字。当发生地质灾害可能性在 3 级及 3 级以上时，及时上报吉林省地质环境监测总站及省国土资源厅地质环境处。

6）地质灾害预报预警分级

汛期地质灾害气象预警等级划分为 5 级。1 级为地质灾害发生可能性很小；2级为地质灾害发生可能性较小；3 级为地质灾害发生可能性较大；4 级为地质灾害发生可能性大；5 级为地质灾害发生可能性很大。当预警等级达 3 级以上时，在吉林省电视台发布预报预警信息。

7）地质灾害预报预警产品制作及发布

吉林省气象台在汛期地质灾害气象预报预警期间，每天 15：30 将近三日累计降雨量及未来 24 h 降雨量图以电子邮件方式传送到总站，经地质灾害预报预警中心分析，确定各地区地质灾害发生的危险性等级，当分析结果为 3 级以下时，通过电话与吉林省气象台会商，确定不发布气象预报预警信息；当分析结果为 3级或 3 级以上时，立即与吉林省地质环境监测总站总工程师会商，之后以电子邮件方式将预报范围、预报级别传至吉林省气象台，并通过电话协商，确定预报预警结果。3 级、4 级、5 级预报的措辞分别为：××地区发生××地质灾害的可能性较大、可能性大、可能性很大。由吉林省气象台负责将预报预警结果传送给吉林省电视台，并在当晚 18：55 的天气预报节目中播出。同时由总站将预报结果通知吉林省国土资源厅地质环境处及吉林、白山、通化、辽源、延边等地方国土资源行政主管部门及所在地区的地质环境监测分站。据调查到目前为止，吉林省吉林市、通化市、白山市相继开展了地质灾害预报预警工作，由于地市级预警产品制作时间晚于省级，省级预警产品可供地级市（州）级参考。

8）吉林省地质灾害发生情况信息反馈

在发布预警等级为 3 级或 3 级以上的地区，要求当地国土资源部门将预报的准确程度、发生的地质灾害类型、位置、规模、造成的危害、防灾效果、降雨实况等及时反馈给吉林省地质环境监测总站。同时也要求全省各国土资源部门将各地区随时发生的地质灾害情况、降雨实况告知吉林省地质环境监测总站。

地质灾害预报预警中心及时与各地质环境监测分站联系，收集各分站掌握的情况。结合"重要地质灾害点巡查"项目，预警期间对全省重要地质灾害点进行巡查，及时收集地质灾害发生的信息。

6. 地质灾害防灾减灾措施

虽然各种地质灾害的防治途径基本相同，但具体措施不一。所以无论哪种地质灾害，都必须首先进行深入细致的勘查工作，以查清灾害体范围、性质、活动条件和受灾体类型、分布情况等。在勘查的基础上选择防治措施，并合理地设计工程规模，取得充分的减灾效果。

1）崩塌（危岩）灾害防灾减灾措施

清除危岩：对规模小、危害程度高的危岩体可采用静态爆破或者手工方法予以清除，消灭隐患。

部分削坡：对于规模较大的危岩体，难以全部清除其隐患。但可以在危岩体上部清除部分岩土体，降低临空面的高度，减小斜坡坡度和上部荷载，提高斜坡稳定性，从而降低危岩体的危险程度或减少其他防治工程的工程量。

排水防渗：在危岩体及其周围地带，应修建地面排水系统和堵塞裂隙孔洞，以防治过量地表水进入危岩斜坡，从而提高危岩稳定程度，减少崩塌机会。

加固斜坡、改善危岩体岩土结构，提高斜坡稳定程度：灌浆加固，以增强岩体完整性，提高岩体强度；采用支撑墩、支撑墙、支撑柱等方式保护斜坡，防止塌落；采用预应力锚杆或者锚索等锚固措施加固危岩体，防止崩落；软基加固，即在危岩体或者陡崖底部发育有泥岩等软弱岩层时，采用喷浆护壁等方法保护软基，防止强烈的风化作用和水体浸泡。如在软基发育部位已形成风化凹腔，应根据规模、形态采用嵌补、支撑、喷浆护壁等方法保护加固，如腔内积水，应进行疏干，并采取措施防止继续浸水。

拦截：对于在雨季才发生活动的坠石、剥落或者小型崩塌活动，可在岩石崩落滚动途中修建落石平台、落石槽、挡石墙等，以拦截落石，防止破坏建筑设施。

遮挡：为了防止小型崩塌对铁路等工程设施的破坏，可修建明硐、棚硐等对工程设施进行保护。

加强监测预报：危岩体形变监测，通过地面观察、形变测量、地倾斜测量、综合自动监测等方法从外部监测危岩体位移、裂缝变形、地面倾斜等现象，采用钻孔倾斜测量、电测、声发射监测、地应力测量等方法从内部监测危岩体深部变形位移和应力变化情况。激发崩塌活动要素监测，主要包括雨量监测、水文动态监测、地下水动态监测、地温场监测、地震监测等。

综合分析与预测预报：基本方法是分析斜坡稳定程度，建立危岩变形数值模型，确定崩塌活动的临界值。在条件允许时，应建立预警系统，进行有效的灾害预报。

躲避搬迁：对于威胁严重、防治困难的建筑设施，应选址搬迁，避免受害。

2）滑坡灾害防灾减灾措施

消除或者减轻地表水、地下水对滑坡的诱发作用：修建排水沟，拦截地表水，减少进入滑坡体的地表水量，并及时将滑坡体发育范围内的地表水排走，减轻地表水对斜坡的破坏；修建截水盲沟和支撑盲沟、开挖渗井或者截水盲洞、铺设排水渗管、实施排水钻孔等，以拦截疏导地下水，减轻地下水对斜坡的破坏。

改善斜坡状况，增加滑坡平衡稳定条件：在滑坡体上部削坡减重，在坡脚加填，改变斜坡变形，降低斜坡重心，提高滑坡稳定程度；修建抗滑垛、抗滑桩、抗滑墙、抗滑洞等支挡工程，阻止滑坡体滑动，提高斜坡稳定程度；实施锚固工程，"加固"滑坡，提高斜坡稳定程度；采用焙烧法、电渗排水法、灌浆法等物理或者化学方法，改善滑坡体岩土性质，提高软弱岩体层强度，提高斜坡稳定程度。

加强监测预报：滑坡体形变监测，通过地面观察、形变测量、地倾斜测量、综合自动监测等方法监测裂缝变形、滑坡体水平位移、垂直形变以及滑坡体上树木、房屋等工程设施形变等情况。采用倾斜仪测量、短基线测量、地应力测量等监测滑坡体内部形变位移情况。激发滑坡活动的外界要素监测，主要包括降水监测、水文动态监测、地下水动态监测、地震监测。

综合分析与预测预报：与崩塌防灾减灾措施类似，分析斜坡稳定程度，确定滑坡活动的临界值。

躲避搬迁：对于威胁严重、防治困难的工程建筑，应选址搬迁，避免灾害破坏。

3）泥石流灾害防灾减灾措施

实施生物措施，保护水土，削弱泥石流活动的基本条件：基本方法是保护森林植被。禁止乱砍滥伐，合理耕牧，并且有计划地植树种草，以提高森林覆盖率和植被覆盖率，抑制水土流失，减缓泥石流活动。

实施工程措施，限制泥石流活动，保护耕地与工程设施：拦挡工程，修建谷坊、拦沙坝等蓄水拦砂，减小泥石流速度、容重、规模，抬高局部沟段侵蚀基准，护床固坡，降低泥石流流速，削弱泥石流冲击破坏能力；停淤工程，根据泥石流发育地区地形条件，修建停淤场，将泥石流引入预定场所减速停淤，防止漫流；沟道整治工程，采用固床砂坝、水泥砂浆砌石、石笼等方法保护泥石流沟坡防止岸坡坍塌、滑移，在沟底进行铺砌或者修建肋板稳固沟底，减少沟底冲刷。

防护工程与错避工程：对泥石流地区的铁路、公路、桥梁、隧道、房屋等工程设施，进行防护或错避，抵御或避开泥石流的危害。防护工程包括修建护坡、挡墙等。错避工程主要包括跨越式错避、穿过式错避等。跨越式错避是指修建桥梁，使工程设施凌驾于泥石流沟上孔，免受泥石流破坏。穿过式错避是将工程设施置于泥石流沟地下，避开泥石流破坏。

监测预报：除利用遥感技术，结合气象资料分析，进行区域泥石流活动中长期预报外，主要是利用降雨预测进行泥石流活动的短期预报和临灾预报。此外，还可以利用泥石流遥测地声警报器、泥石流超声波泥位警报器、地震式泥石流警报器等仪器直接监测泥石流活动，并进行短期预报和临灾警报。

躲避搬迁：对于威胁严重、难以防护的工程建筑，应选址搬迁，避免灾害破坏。

4）地裂缝灾害防灾减灾措施

控制人为因素对地裂缝活动的强化作用：主要是合理开采固体矿产资源，限制地下水位大幅度下降，从而控制地面沉降活动，防止地面沉降对地裂缝的促进活动。其次是在矿区井下开采时，根据实际情况，控制开采范围，增多增大预留保安矿柱，防止矿井坍塌诱发地裂缝。

建筑设施避灾、防灾措施：查明地裂缝发育带及潜在危害区，据此做好城镇发展规划和场地工程地质勘查，合理规划工程建筑物布局，使工程设施尽可能避开地裂缝危险带，特别是严格限制永久性建筑设施横跨地裂缝，一般避让宽度不少于 4～10m；对于已建在地裂缝危害带内的工程设施，应根据具体情况采取加固措施进行加固，对于必须建在地裂缝危害带内的新的工程设施，应实施设防措施。如跨越地裂缝的地下管道工程，可采取外廊道隔离，内悬支座式管道活动软接头连接措施预防地裂缝破坏。对于已受地裂缝严重破坏的工程设施，进行局部拆除或者全部拆除，防止对整体建筑造成更大规模的破坏。

监测预测措施：通过地面勘查、地形变测量、断层位移测量以及音频大地电场测量、高分辨率纵波反射测量等方法监测地裂缝活动发展情况，预测预报地裂缝发展方向、速率以及可能危害范围。

5）地面沉降灾害防灾减灾措施

控制人为活动对地面沉降的促进作用：根据水资源条件，限制地下水开采量，防止地下水水位大幅度持续下降，控制地下水降落漏斗规模；根据地下水资源的分布情况，合理选择开采区，调整开采层和开采时间，避免开采地区、层位、时间过分集中；人工回灌地下水，补充地下水水量，提高地下水水位。

防护措施：地面沉降除有时会引起工程建筑不均匀沉降外，主要是因沉降区地面标高降低，导致积洪滞涝次生灾害。

监测预测：基本方法是设置分层标、基岩标、孔隙水压力标、水准点、水动态监测网、水文观测点等。定期进行水准测量；进行地下水开采量、地下水位、地下水压力、地下水水质监测及回灌监测等。根据地面沉降活动条件及发展趋势，预测地面沉降速度、幅度、范围及可能危害。

6.4 极端降雨诱发地质灾害风险管理预警系统建设研究

吉林省地质环境较复杂，特别是东南部山区，每年汛期地质灾害频发，严重威胁群众生命财产安全，影响国民经济发展。近年来，吉林省受极端异常天气影响，突发性、局部性的极端强降雨引发的地质灾害导致大量的经济损失，并时有人员伤亡事件发生。从2000年开始吉林省对处于地质灾害易发区的县（市、区）开展了地质灾害调查与区划工作。国土资源厅组织完成了38个山地丘陵区地质灾害隐患点调查，获得了大量的资料。如何将大量的数据用于指导吉林省防灾减灾工作是亟待解决的一个重要问题。目前防灾减灾的主要手段是对可能发生的地质灾害进行预报预警。2004年5月吉林省国土资源厅和省气象局签订了《省国土资源厅和省气象局联合开展地质灾害气象预警预报工作协议》，使吉林省地质灾害气象预警预报工作进入实施阶段。为了有效指导我省防灾减灾工作，在县（市、区）1∶10万地质灾害调查与区划的基础上进行了预报预警系统建设，其内容主要包括：

（1）预报预警模型研究。基于有效降雨量原理，对吉林省2004~2010年实际发生地质灾害时的降雨情况进行统计分析，并与地质灾害易发程度进行耦合，建立了符合吉林省实际情况的区域预警模型，用于吉林省汛期预报预警。

（2）预报预警软件开发。基于MAPGIS6.7专业版地理信息桌面平台，采用Microsoft Visual C++开发了支持多层次空间分析、地质灾害气象预警模型运算的预报预警软件。

（3）可视化会商系统。该系统主要用于汛期地质灾害预报预警时，和省气象台之间的视频会商。该系统是基于SDH传输协议的一套硬件系统，不仅实现了拥有图像和声音的功能，而且根据业务需要将地质灾害数据库与其链接，实现了数据库资源共享。

（4）预报预警产品发布。从技术约定到工作流程，制定了吉林省地质灾害预报预警产品发布方式，便于汛期预报预警工作开展，为吉林省防灾减灾工作服务。

（5）吉林省地质环境综合信息平台。该平台是集地质环境专业数据库与地图空间数据管理、查询、浏览、发布于一体的综合平台，目标服务群体为政府管理部门、地质环境调查、监测与研究专业部门。系统基于WebGIS、WebServices技术，采用多层次结构设计，分布管理海量数据的技术，通过数据服务器、GIS服务器和Web服务器协同工作，为用户提供网络数据服务（B/S），能够实现全省地质灾害的查询、区域地质灾害预报预警模型计算等功能。

（6）吉林省地质灾害群测群防系统。吉林省地质灾害群测群防系统，由宣传地质灾害防治及管理的相关公告通知、新闻提要、政策法规、防治知识、地质灾害群测群防体系、日常管理、灾害速报、气象预警及系统管理等功能模块组成，服务应用于地质灾害的日常管理及汛期地质灾害预报预警工作之中。

6.4.1　预报预警模型应用

吉林省地质灾害预报预警模型的构建过程参见 5.3.1 小节，在此介绍应用该模型的实例研究。2011 年吉林省降雨量和正常年份基本持平。2011 年汛期，应用该模型进行全省地质灾害预报预警。2011 年度共发布三级地质灾害预警预报信息 9 次，其中有 7 次在预报范围内发生了不同规模地质灾害，预警预报成功率为 78%。

6.4.2　预报预警软件开发

1. 功能及运行环境

地质灾害预警预报软件是基于 MAPGIS6.7 专业版地理信息桌面平台，采用 Microsoft Visual C++ 开发的支持多层次空间分析、地质灾害气象预警模型搭建的专业软件工具。

主要功能：支持专业空间图层的分组属性赋值、分组替换操作；专业图层的网格化功能；雨量站点数据生成降雨等值区功能；专业空间图层叠加计算功能；专业评价模型权重调整、设置功能；地质灾害气象预警效果图预览功能。

为了保证软件的正常运行，计算机系统需要有以下运行环境：Windows 2000/XP/或更高；MAPGIS 6.7 专业版；MAPGIS SDK 6.7；Internet Explorer v6.0 或更高版本；512 MB RAM 或更多 ；500 MB 可用磁盘空间；屏幕分辨率至少 1024×768。

2. 数据准备

依据吉林省地质环境条件，参与地质灾害预警预报的数据主要包括：岩土体类型数据（面状图元），地形地貌数据（面状图元），地质构造数据（面状图元），人类工程活动数据（面状图元），多年平均降雨量数据（面状图元），地质灾害数据（点状图元），植被覆盖数据（面状图元），降雨强度数据（面状图元）。

数据准备阶段，在 MAPGIS 平台将分别矢量化上述图层，并进行属性编辑，增设描述图元特征的字段，分别为每一图元赋属性，默认情况下，所有基础数据图层均增设有 Value 字段，其类型为双精度，长度为 8.2。与此同时，根据预报范围和专业工程师的网格划分需求（网格大小），预制两个内部图层文件：

BaseGridReg.WP（表 6-6），BaseBoundLin.WL。

表 6-6　BaseGridReg.WP 属性结构表

序号	字段名	类型	长度	描述
1	ID	长整形	8	
2	面积	双精度	15.6	
3	周长	双精度	15.6	
4	Code	长整形	15	关键字，网格唯一编号
5	Integrated	双精度	8.2	集成综合值

BaseBoundLin.WL 为模型评价范围线，用于程序内部范围约束。

在基础数据的准备阶段，其图层文件命名为非标准的，为便于程序内部运行、管理和用户识别，有必要对其进行标准化。"标准化命名"列表内容依照本程序所带的数据库 SysDatabase.mdb [命名表]中的 StandarName，从数据表中获取。数据导入流程见图 6-7。

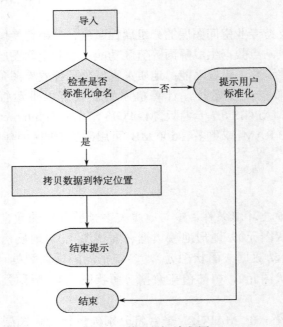

图 6-7　数据导入流程图

参数设置：因地理地质环境条件的差异，其地质灾害气象预警所采用的图层也一定存在差异，因此，本软件可以根据用户需要进行设置改变（图 6-8）：

打开 ..\Data\SysDataBase.mdb 命名表。

命名表 : 表

ID	StandardName	coefficient	GridProcess	NeedCompute
1	地层岩性	5	☑	☑
2	地质构造	3	☐	☐
3	地形坡度	0	☐	☐
4	地震烈度	0	☐	☐
5	易发程度	0	☐	☐
6	植被覆盖	0	☐	☐
7	人类活动	0	☐	☐
8	地质灾害	5	☑	☑
9	标准网格区	0	☐	☐
10	区域范围线	0	☐	☐
11	降雨强度	4	☐	☐
(自动编号)		0	☐	☐

记录: 1 共有记录数: 11

图 6-8　参数设置命名表

GridProcess（网格处理）为逻辑型字段，记录该图层是否已标准网格化。

Coefficient（图层权重系数）。

NeedCompute（模型计算参与状态）。

用户可以根据需要，增加或删除记录。当增加记录时，coefficient，GridProcess，NeedCompute 均空缺不填写。当用户制定标准网格后，打开..\Data\SysDataBase.mdb 配置表填写以下信息（图 6-9）：网格单元图面积——网格单元的面积，由其属性面积获取（无量纲）；网格单元实面积——网格单元所代表的实际面积，单位：km^2；评价全区总面积——整个评价范围的实际面积，单位：km^2。

配置表 : 表

编号	项目	值
1	网格单元图面积	400
2	网格单元实面积	4000000
3	评价全区总面积	36960000000
4	图例5颜色	183
5	图例5下限	100
6	图例4颜色	387
7	图例4上限	100
8	图例4下限	50
9	图例3颜色	135
10	图例3上限	50
11	图例3下限	20
12	图例2颜色	350
13	图例2上限	20
14	图例2下限	1
15	图例1颜色	50
16	图例1上限	1
17	灾害常数	1
(自动编号)		0

记录: 1 共有记录数: 17

图 6-9　参数设置配置表

3. 数据处理

首先对图层数据进行量化赋值。例如，用户选择"描述"字段，系统则将地层岩性的描述分组列表，用户可以根据描述内容，分别给其量化值，最后点[确认]按钮。程序将按照用户设定，将对应量化值写入属性表的 Value 字段。其流程见图 6-10。

降雨强度资料来源于气象部门直接提供降雨观测数据和预报降雨量，通过处理得到有效降雨量等值线。然后运用模型进行计算，得到每一个单元格的预警预报综合指数。再根据预警预报综合指数标准进行处理赋值。

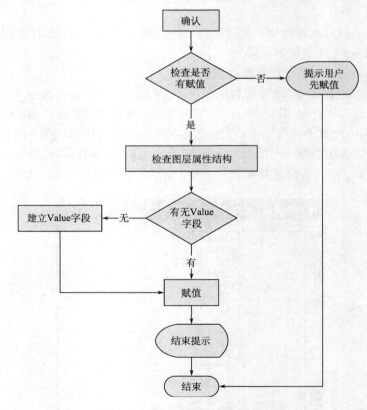

图 6-10　图层数据量化赋值流程图

4. 使用方法

（1）启动 WarnAdis（辅助工具），点击气象数据处理选择来自气象局的文本文件（如气象资料标准格式 0.txt),该文件格式需要确定下来，建议按照此推荐格式。程序正确运行（按照拟定的降雨处理公式）完成后，会形成一个以当天年-月-日 RAIN 命名的雨量数据，如 2011-06-23RAIN.txt，其存放位置与原始数据位置相同。

（2）启动地质灾害气象预警工具（WeatherAlarm.exe），点击菜单项的数据，选择降雨数据处理，选择当天的降雨数据（如 2011-06-24RAIN.txt）正确运行可得到全省有效降雨等值线图（图 6-11）。

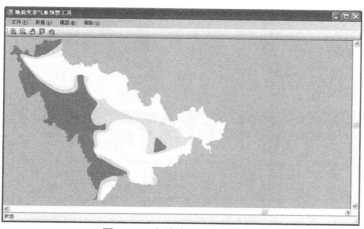

图 6-11　有效降雨量等值线图

（3）图层网格化。处理降雨等值线资料选择"图层网格化处理"，打开对话窗口，选择"降雨强度.wp"文件并打开。在选择字段对话框选择网格化用值字段，建议选终止值。系统便开始网格化自动处理。

（4）开始模型计算形成预警预报等级分布网格图，计算结果见图 6-12。

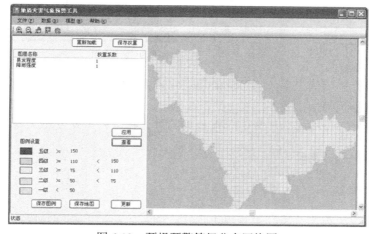

图 6-12　预报预警等级分布网格图

（5）人工交互生成预警区。打开 MAPGIS，将预警分级网格图打开，然后新建 MAPGIS 线文件，然后根据网格分区，人工圈定预警区。人工圈定的预警区应是完全封闭的曲线，切记为每个预警区赋级别属性，填写阿拉伯数字，规则如下：

二级：2

三级：3

四级：4

五级：5

最后保存该线文件。

（6）获取预警区范围数据。

（7）形成预警区信息，见图 6-13。

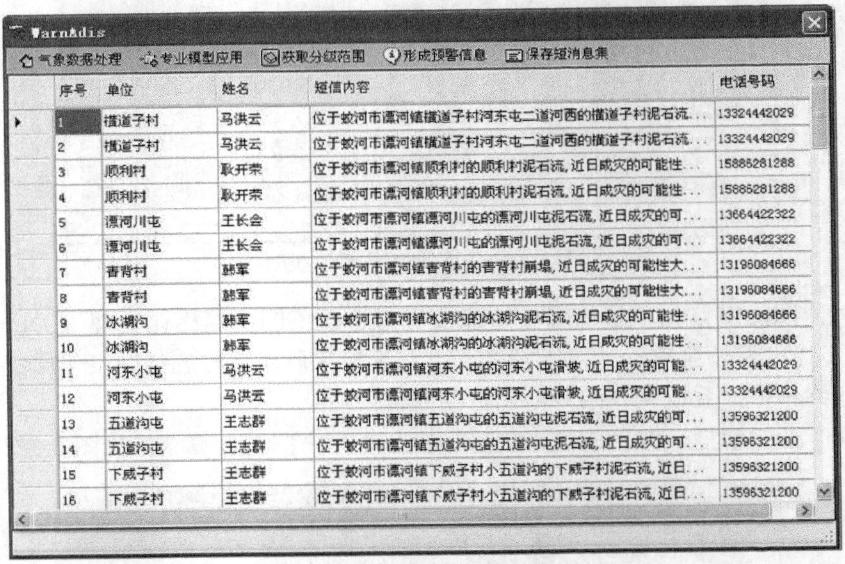

图 6-13　预报预警信息图

（8）保存短信信息集，将短信信息集导入中国联通短信群发系统，进行全省地质灾害预报预警信息发布。

（9）预警预报成果。该预警预报成果通过吉林卫视对外发布（图 6-14）。

6.4.3　可视化会商系统

1. 硬件系统

吉林省地质灾害气象预警预报可视化会商系统是基于 SDH 传输协议的一套硬件系统。由挪威生产的集成可视化终端 TANDBERGC20（包括声频、视频采集

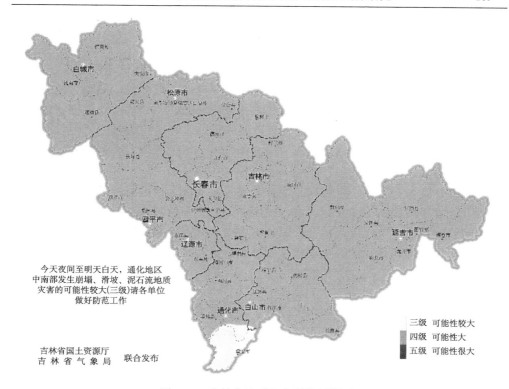

图 6-14　吉林省地质灾害预报预警图

设备）、两台显示设备、路由器和一条 2M 专用光纤组成。光纤由网通公司提供并维护，定期收取月租费，凡是开通视频会商业务均可租用。SDH 传输协议是一种视频声频国际传输协议，全世界仅需输入对方 IP 地址，即可实现点对点呼叫，也可以进入中央控制器（MCU）进行群呼召集视频会议，实现多方会商。

2. 系统功能

可视化会商系统不仅实现了拥有图像和声音的功能，而且根据业务需要将吉林省地质灾害预警预报及信息管理平台与其链接，实现了数据库资源共享。由于对数据的清晰度和传输速度要求较高，为此采用了数据服务器作为数据共享的平台，同时充分利用网络资源，在现有的网络资源的基础上，增加查询雨量监测点的数据等。该系统实现了图像、声音和数据三者的完美结合。在这三种媒体中，声音具有最高的优先级别，其次是数据和图像，将这三种媒体紧密结合在一起，达到了理想的会议效果。

6.4.4 极端降雨诱发山区地质灾害风险管理与预警系统

地理信息系统（GIS）可以对降水数据和地质灾害统计数据进行管理、查询、分析、制图等操作，是地质灾害方信息化的重要方式，很多发达国家包括我国一些省份都充分利用 GIS 来加快地质灾害信息化的进程，为气象地质灾害的建模分析、风险评估、灾害预警等过程提供了重要的帮助。利用 GIS 技术，可以更好地进行地质灾害的管理，更好地防范地质灾害，进一步地保障人民群众的安全和经济发展的稳定。

以吉林省为研究区，利用 GIS 组件开发技术实现了极端降雨诱发山区地质灾害风险评价与预警系统的设计开发，主要功能包括 GIS 浏览功能、数据管理功能、查询与分析功能、地质灾害预警功能、地质灾害风险评价功能和地质灾害风险评价预警功能，为更高效地实现地质灾害风险评价与预警提供了技术支持。

1. 系统总体设计

极端降雨诱发山区地质灾害风险评价与预警系统主要由四部分组成，分别为数据库管理子系统、空间信息管理子系统、极端降雨诱发山区地质灾害风险评价子系统、极端降雨诱发山区地质灾害风险预警子系统。

数据库管理子系统是整个系统的数据基础，为空间信息管理子系统提供空间数据的储存管理和查询等服务，主要包含空间数据、属性数据和用户权限数据等。空间信息管理子系统主要包括系统管理、地图图层操作、数据管理、查询分析等 GIS 基础功能。极端降雨诱发山区地质灾害风险评价子系统主要包括暴露性评价、脆弱性评价、危险性评价和防灾减灾能力评价功能。极端降雨诱发山区地质灾害风险预警子系统根据风险评价结果，结合自然灾害风险形成理论、区域灾害系统理论和灾害风险预警原理对研究区内的地质灾害风险进行预警。后两个子系统是系统的核心功能，四个子系统在结构上相互独立，在运行实现时是统一的，系统的技术框架与功能如图 6-15 所示。

2. 数据库设计

1）关系型数据表设计

关系型数据库采用 SQL Server 2008 来进行设计和储存，再通过 ArcSDE for SQL Server 来进行系统和数据库间的链接和通信。表的设计主要包括四大类，分别是系统管理数据、降水数据、灾害点数据和灾损数据。

系统管理方面中包括用户表，用户表中的字段类型有用户 ID（也是用户表的主键）、用户名、密码、用户备注、用户权限等，该表的主要作用是对用户信息进行储存管理。

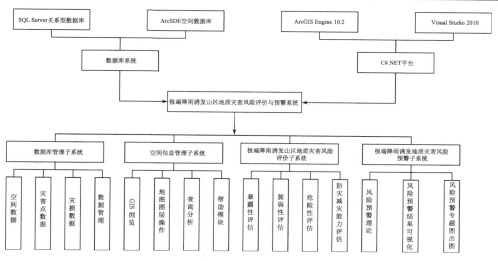

图 6-15　技术框架与系统功能

　　降雨数据主要是降雨时间表、气象站表、日降雨量表、月降雨量表、降雨阈值表等，主要包含各个气象站的站名、地质、经纬度、海拔、日降雨量、月降雨量、插值降水量和各地区统计的诱发地质灾害的降雨阈值信息。

　　灾害点数据主要是各地质灾害点的相关统计信息和数据，字段包含经纬度、高程、坡度、坡向、地层岩性、岩土体类型、植被覆盖度、距水系距离、地表曲率等。

　　灾损数据主要包括滑坡历史记录表、崩塌历史记录表和泥石流历史记录表，表中记录了吉林省历年统计的地质灾害信息，字段主要有灾害发生位置、失踪人口、死亡人口、经济损失等数据。

　　2）空间数据库设计

　　空间数据主要包括 1∶5 万吉林省高程数据、吉林省地层岩性数据、吉林省土地利用类型数据等，这些空间数据主要用于地质灾害点的区划，以地图形式应用到地质灾害类别输出。采用 ArcSDE 将关系型数据和空间数据进行结合管理，用于极端降雨诱发山区地质灾害风险评价与预警系统中。

　　3. 系统实现

　　1）系统平台构建

　　本系统基于.NET 平台开发，采用 C#作为编程语言，借助 Visual Studio 2010 进行相关编程操作，运用 ArcGIS Engine 10.2 采用组件式开发技术进行系统的二次开发和界面的搭建。数据库方面采用 SQL Server 2008 关系型数据库和空间数据库引擎 ArcSDE 相结合来进行关系型数据和空间数据的储存管理和调用。系统采用 C/S 架构，结构清晰明了，安装使用方便，运算处理性能较好。

2）系统模块功能

（1）系统管理模块。

系统管理模块主要用于系统的登录记用户信息的增删修改、用户权限设定。具体功能有用户登录、添加用户、删除用户、修改用户信息、退出系统等。

（2）地图图层操作模块与数据查询分析。

地图图层操作模块总体功能是实现 GIS 的基本功能和对地图图层的基本操作，包括地图的浏览，地图的放大缩小，数据的加载，要素选择，鹰眼地图、图层的选择、删除、更新等操作，是整个系统的基础功能。界面主要通过加载 ArcGIS Engine 中的 MapControl、TOCControl、ToolbarControl、LicenseControl 等组件实现。界面截图见图 6-16～图 6-21。

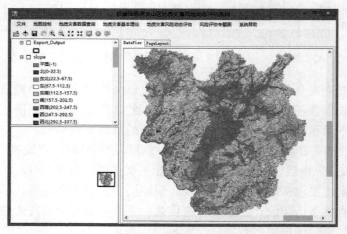

图 6-16　系统主界面

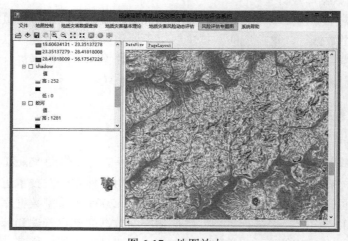

图 6-17　地图放大

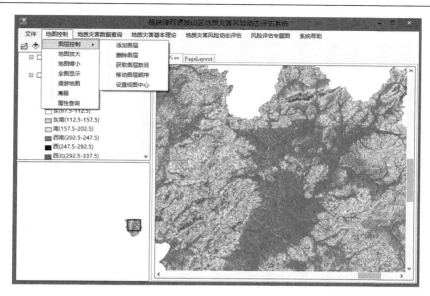

图 6-18　图层控制菜单

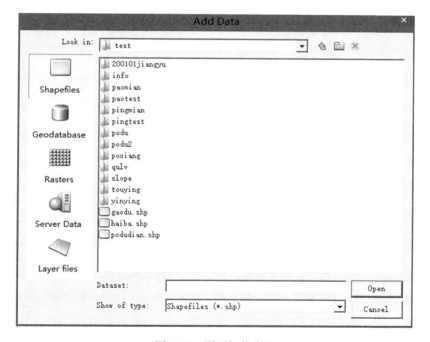

图 6-19　图层加载窗口

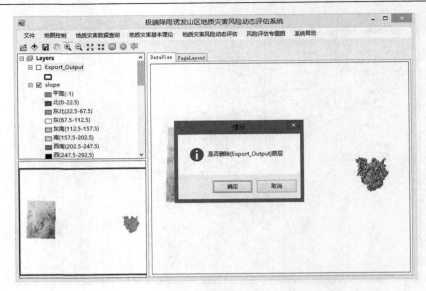

图 6-20　图层删除功能

图 6-21　图层右键菜单

　　数据查询分析主要根据用户需求对系统中已有灾损数据和灾害点等数据进行查询，分为精确查询、条件查询、模糊查询等，并将查询结果进行可视化显示见图 6-22 和图 6-23。

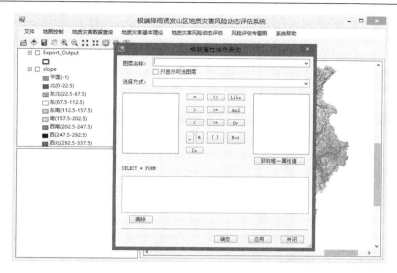

图 6-22　根据属性查询

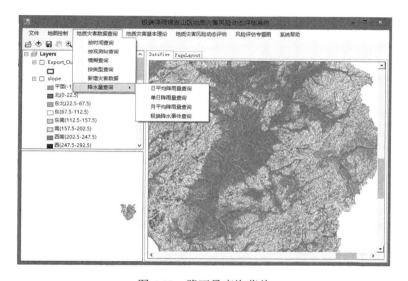

图 6-23　降雨量查询菜单

（3）极端降雨诱发地质灾害动态风险评价模块。

地质灾害风险是在特定时空环境条件下，由于地质灾害风险因素的不确定性，在某一区域内以上四个因素同时具备的概率。基于对自然灾害风险形成机制和地质灾害综合风险机制的分析，地质灾害风险评价包括对地质灾害的危险性评价、暴露性评价、脆弱性评价、防灾减灾能力评价四个方面。

基于自然灾害风险的形成机理，选择危险性、暴露性、脆弱性和防灾减灾能力等四个因子来进行地质灾害风险评价。利用自然灾害风险指数法、加权综合评价法和层次分析法，建立了地质灾害风险指数，用以表征地质灾害风险程度，包括崩塌、滑坡灾害风险指数和泥石流风险指数，模块功能如图 6-24～图 6-26所示。

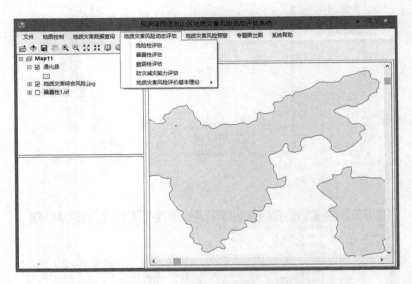

图 6-24　地质灾害风险动态评估菜单

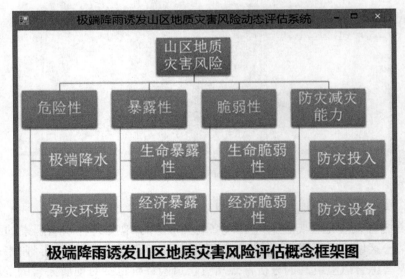

图 6-25　地质灾害风险评价概念框架

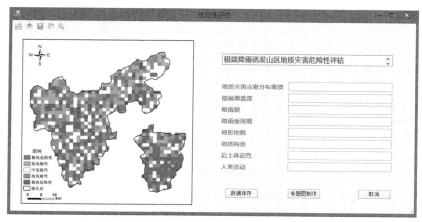

图 6-26　危险性评估窗口

（4）极端降雨诱发地质灾害风险预警模块。

预警是指对某一警素的现状和未来进行测度，预报不正常状态的时空范围和危害程度，在危险发生之前，根据以往总结的规律或观测得到的可能性前兆，向相关部门发出紧急信号，报告危险情况，以避免危害在不知情或准备不足的情况下发生，从而最大程度地降低危害所造成的损失的行为。预警的分析流程为确定警情、寻找警源、分析警兆、预报警度、决策分析五步。传统的地质灾害已经都是对地质灾害发生的危险性进行预警，而没有考虑地质灾害会造成的损失，将风

图 6-27　系统关于窗口

险评价结果和地质灾害危险性预警结果相结合，实现了地质灾害风险预警，不仅对可能发生地质灾害的危险性进行预警，还对可能发生地质灾害造成的损失进行了预警。

（5）帮助模块。

该模块主要实现对系统说明帮助的功能，方便用户进行操作和学习。主要包含对整个系统的使用方法建立的索引化文档，详细介绍系统功能，快速解决用户在系统使用中遇到的问题，提高用户使用效率（图6-27）

参 考 文 献

曹金亮，刘瑾，乔清海，等．2010．太原市主要地质灾害及防灾减灾措施研究．上海地质，31（4）：53-56

冯明成．2013．重庆市地质灾害群测群防体系建设现状与对策研究．防灾科技学院学报，15（3）：90-93.

葛全胜，邹铭，郑景云，等．2008．中国自然灾害风险综合评价初步研究．北京：科学出版社.

国土资源部．2004．关于加强地质灾害危险性评估工作的通知(国土资发[2004]69号).

海香．2008．重庆市奉节县地质灾害风险评价及防灾减灾措施．重庆：西南大学.

江治强．2008．我国自然灾害风险管理体系建设研究．风险管理，12（1）：48-51.

孔庆凯，赵鸣．2010．地震预警系统中的算法研究．灾害学，25（9）：305-308.

李志隆，马志强，吴占华，等．2013．农村气象防灾减灾体系建设的探讨．科技情报开发与经济，23（1）：141-143.

李宗亮，马仁基，倪化勇，等．2010．四川泸定地区岩土体类型与地质灾害．沉积与特提斯地质，30（1）：103-108.

梁国玲，张永波，张礼中，等．2000．地质灾害区划评价的空间分析模型研究．地质论评，（S1）：71-75.

刘传正．2014．中国地质灾害气象预警方法与应用．岩土工程界，7（7）：17-18.

刘红红．2014．重庆市综合防灾减灾体系构建研究．重庆：西南大学.

刘会平，潘安定，王艳丽，等．2004．广东省的地质灾害与防治对策．自然灾害学报，（2）：101-105.

刘燕华，葛全胜，吴文祥．2005．风险管理——新世纪的挑战．北京：气象出版社.

滕五晓，加藤孝明，小出治．2003．日本灾害对策体制．北京：中国建筑工业出版社.

王阜．1983．震中烈度与震级关系的模糊识别．地震工程与工程震动，3（3）：84-96.

王琳．2011．略阳县地质灾害群测群防体系建设及典型群测群防点致灾效应研究．西安：长安大学.

王梓坤．1976．概率论基础及其应用．北京：科学出版社.

吴亚非，李新友，禄凯．信息安全风险评估．北京：清华大学出版社.

阳岳龙，周群，林剑．2007．湖南主要地质灾害与地形地貌之关系．灾害学，22（3）：36-40.

张继权，冈田宪夫，多多纳裕一．2006．综合自然灾害风险管理—全面整合的模式与中国的战略选择．自然灾害学报，15（1）：29-37.

张继权, 刘兴朋, 佟志军, 等. 2015. 农业气象灾害风险评价、预警及管理研究. 北京: 科学出版社.

张继权, 刘兴朋, 严登华. 2012. 综合灾害风险管理导论. 北京: 北京大学出版社.

张继权, 宋中山, 佟志军, 等. 2011. 中国北方草原火灾风险评价、预警及管理研究. 北京: 中国农业出版社.

张震宇. 2014. 地质灾害防灾减灾体系建设研究——以大连长兴岛经济区为例. 大连: 辽宁师范大学.

赵海卿, 李广杰, 张哲寰. 2004. 吉林省东部山区地质灾害危害性评价. 吉林大学学报(地球科学版), 34(1): 119-124.

佐々 淳行. 2002. 自然災害の危機管理——明日の危機を減災せよ. ぎょうせい. 東京: 株式会社ぎょうせい.

Black F, Scholes M. 1973. The pricing of option and corporate liabilities. Journal of Political Economies, 81(3): 637-654.

Cornell C A. 1968. Engineering seismic risk analysis. Bulletin of the Seismological Society of America, 58(5): 1583-1606.

Dai F C, Lee C F. 2002. Landslide characteristics and slope instability modeling using GIS, Lantau Island, Hong Kong. Geomorphology, 42(3-4): 213-228.

Glade T. 2000. Modelling Landslide Triggering Rainfall Thresholds at a Range of Complexities In: Bromhead E, Dixon N, Ibsen ML(eds) Landslide in research, theory and practice, Vol2, Thomas Telford, Kingston University, UK, p633-640.

Mejia-Navarro M, Wohl E E. 1994. Geological hazard and risk evaluation using GIS: methodology and model applied to Medellin, Colombia. Environmental & Engineering Geoscience, 31(4): 459-481.

Ohlmacher G C, Davis J C. 2003. Using multiple logistic regression and GIS technology to predict landslide hazard in northeast Kansas, USA. Engineering Geology, (69): 341-343.

Raghuvanshi T K, Negassa L, Kala P M. 2015. GIS based Grid overlay method versus modeling approach-A comparative study for landslide hazard zonation (LHZ) in Meta Robi District of West Showa Zone in Ethiopia. Egyptian Journal of Remote Sensing & Space Sciences, 18(2): 235-250.

Rowe A P. 1948. One Story of Radar. Cambridge: Cambridge University Press.

Shafer G A. 1976. Mathematical Theory of Evidence. Princeton: Princeton University Press.

Sharma M, Kumar R. 2008. GIS-based landslide hazard zonation: a case study from the Parwanoo area, Lesser and Outer Himalaya, H. P., India. Bulletin of Engineering Geology & the Environment, 67(1): 129-137.

Smith K. 1996. Environmental Hazards: Assessing Risk and Reducing Disaster. London: Routledge.

Uromeihy A, Mahdavifar M R. 1999. Landslide hazard assessment aummary review and new perspectives. Bull Eng Geol Env, (58): 21-44.

Wiecaorek G F, Morgan B A, Campbell R H. 2006. debris flow hazards in the Blue Ridge of Central Virginia. Environmental & Engineering Geoscience, 6(1): 3-23.

Whilhite D A, Hayes M J, Knutson C L, et al. 2000. Planning for drought: from crisis to risk management. Journal of the American Water Resources Association, 36(4): 697-710.

Wisner B, Blaikie P, Cannon T, et al. 2003. At Risk: Natural Hazard, People's Vulnerability, and Disaster. Second Revised Edition.

Zhang Q, Hori T, Tatano H i, et al. 2003. GIS and Flood Inundation Model -based Flood Risk Assessment in Urbanized Floodplain, GIS&RS in Hydrology, Water Resources and Environment. Guangzhou: Sun Yat Sen University Press.